新世纪普通高等教育
基础类课程规划教材

大学计算机基础实训教程

University Computer Basic Training Course

主　编　王民意
副主编　张成叔　任　可
　　　　曹　琳　汪伟男

大连理工大学出版社

图书在版编目(CIP)数据

大学计算机基础实训教程 / 王民意主编. -- 大连 ：大连理工大学出版社，2023.9(2025.7 重印)
ISBN 978-7-5685-4419-1

Ⅰ. ①大… Ⅱ. ①王… Ⅲ. ①电子计算机—高等学校—教材 Ⅳ. ①TP3

中国国家版本馆 CIP 数据核字(2023)第 105103 号

DAXUE JISUANJI JICHU SHIXUN JIAOCHENG
大学计算机基础实训教程

大连理工大学出版社出版
地址:大连市软件园路 80 号　邮政编码:116023
营销中心:0411-84707410　84708842　邮购及零售:0411-84706041
E-mail:dutp@dutp.cn　URL:https://www.dutp.cn
大连图腾彩色印刷有限公司印刷　　大连理工大学出版社发行

幅面尺寸:185mm×260mm　印张:11.75　字数:270 千字
2023 年 9 月第 1 版　　2025 年 7 月第 4 次印刷

责任编辑:王晓历　　责任校对:孙兴乐
封面设计:对岸书影

ISBN 978-7-5685-4419-1　　定　价:36.00 元

前言 Preface

随着经济社会的发展，各行各业的信息化进程加速，社会进入"互联网+"时代。信息技术发展日新月异，我国高等学校的计算机基础教育进入新的发展阶段。高等学校各专业都对学生的计算机应用能力提出了更高的要求，计算机基础教育也更加注重满足不同知识层次和知识背景学生的学习需求。

计算机基础是本科生培养中一门重要的基础课程。为了适应我国高等教育的发展及教育教学改革的需要，本教材编者对本科计算机基础教育的体系、模式进行了深入探索，并结合本科生的特点编写了《大学计算机基础实训教程》一书，与《大学计算机基础》配套使用。

本教材的编写以高等学校培养技术技能型人才为根本任务，以适应社会需要为目标，借助"互联网+"教学资源，实现了微课教学模式的应用，使培养学生互联网思维、学习能力、实践能力和创新能力成为可能。

本教材由王民意任主编，张成叔、任可、曹琳、汪伟男任副主编。具体编写分工如下：模块1由王民意编写；模块2、模块3由任可编写；模块4、模块5由曹琳编写；模块6、模块7由汪伟男编写；模块2至模块4、模块6、模块7的习题及分析、补充练习由张成叔编写。

在编写本教材的过程中，编者参考、引用和改编了国内外出版物中的相关资料以及网络资源，在此表示深深的谢意！相关著作权人看到本教材后，请与出版社联系，出版社将按照相关法律的规定支付稿酬。

限于水平，书中仍有疏漏和不妥之处，敬请专家和读者批评指正，以使教材日臻完善。

编　者

2023年9月

所有意见和建议请发往：dutpbk@163.com

欢迎访问高教数字化服务平台：https://www.dutp.cn/hep/

联系电话：0411-84708445　84708462

目录 Contents

模块 1
认识和管理计算机

实验 1　开机与键盘指法

实验目的

1. 掌握正确的开、关机方法，熟悉计算机键盘和鼠标的各种功能。
2. 通过实践训练培养正确的操作姿势和指法习惯。
3. 提高计算机键盘操作的速度和准确性，提高计算机使用效率。

实验内容

1. 掌握计算机的冷启动和热启动，会正确关闭计算机。
2. 了解键盘上各功能键的功能，能熟练操作键盘和鼠标。
3. 了解键盘分区、键位分布及正确输入姿势。

实验步骤

1. 计算机的启动方法

计算机的启动方法分为冷启动和热启动。

(1)冷启动

冷启动是指通过加电来启动计算机的方式。其步骤为：先打开显示器电源开关，然后打开主机电源开关。

(2)热启动

热启动是指计算机已经开机，Windows 操作系统已启动，由于增加新的硬件设备和软件程序或修改系统参数后，系统需要重新启动；当发生软件故障使得计算机不接收任何指令时，也需要热启动计算机。热启动的步骤为：单击桌面上的“开始”按钮，选择“关闭计算机”命令，在弹出的对话框中单击“重新启动”按钮。

(3)复位方式

在计算机使用过程中，由于用户操作不当、软件故障或病毒感染等多种原因，造成计算机“死机”或“计算机死锁”等故障时，可以用系统复位方式来重新启动计算机，即按主机面板上的复位键(“Reset”按钮)。如果系统复位还不能启动计算机，就用冷启动的方式启动。

(4)使用计算机时应注意的问题

计算机开机后各种设备不要随意搬动，不要插拔各种接口卡，不要连接或断开主机和外部设备之间的电缆，这些操作都应该在断电情况下进行。

2. 鼠标操作方法

目前，鼠标在 Windows 环境下是一个主要且常用的设备，常用的鼠标有机械式和光电式两种。鼠标的基本操作有单击、双击、移动、拖动、与键盘组合等。

(1)单击

单击即快速按下鼠标键。单击可分为左击和右击两种，左击是选定鼠标指针所指向的内容，右击是打开鼠标指针所指内容的快捷菜单。一般情况下若没有特殊指明，单击操作均指左击。

(2)双击

双击即快速单击鼠标左键两次。双击的作用是首先选定鼠标指针所指向的内容，然后再执行一个默认的操作，与单击后再按 Enter 键的效果是一样的。若双击之后没有反应，则说明两次单击的间隔时间过长。

(3)移动

移动即不按鼠标的任何键移动鼠标，此时屏幕上鼠标指针相应移动。

(4)拖动

拖动即鼠标指针指向某一对象或者某一点时，按住鼠标左键不放开，同时移动鼠标到目的地时再放开鼠标左键，鼠标左键所指向的对象即被移动到一个新的地方。

(5)与键盘组合

有些功能仅仅使用鼠标不能完全实现，需要借助键盘上的某些按键组合。例如，与 Ctrl 键组合，可选定不连续的多个文件；与 Shift 键组合，选定的是单击的两个文件所形成的矩形区域之间的所有文件。

3. 键盘的基本操作

键盘作为计算机的标准设备，每个操作计算机的人都应熟练使用，并掌握准确的操作方法。

(1)键盘布局

键盘分为主键盘区、功能键区、编辑键区、数字键区和其他功能键区。

①主键盘区是键盘中的主体部分，主键盘区共有 61 个键位，其中包括 26 个字母键、10 个数字键、21 个符号键和 11 个控制键，可键入数字、文字、符号等内容。

②功能键区是键盘最上面的一排键位，其中包括取消键 Esc、特殊功能键 F1～F12 和

屏幕打印键 Print Screen、滚动锁定键 Scroll Lock、暂停键 Break。

③编辑键区位于主键盘区的右侧，主要是对光标进行移动操作。

④数字键区位于编辑键区的右侧，主要包括数字以及加、减、乘、除等运算符号。数字键区适合处理大量数字的人员使用，如银行职员、超市的收银员、会计等。

⑤在数字键区上方还有 Num Lock 数字键盘的锁定灯、CapsLock 大写字母锁定灯和 Scroll Lock 滚屏锁定灯 3 个状态指示灯区。

(2)常用键的作用

键盘常用键的作用见表 1-1。

表 1-1　键盘常用键的作用

按键	名称	作用
Space	空格键	按一下产生一个空格
Backspace	退格键	删除光标左边的字符
Shift	换挡键	同时按住 Shift 键和具有上下挡字符的键
Ctrl	控制键	与其他键组合作为特殊的控制键
Alt	控制键	与其他键组合作为特殊的控制键
Tab	制表定位	按一次，光标向右跳 8 个字符位置
Caps Lock	大小写字母转换键	Caps Lock 灯亮为大写字母状态，否则为小写字母状态
Enter	回车键	命令确认，且光标定位到下一行
Ins(Insert)	插入覆盖转换键	插入状态是在光标左边插入字符，否则覆盖当前字符
DeL(Delete)	删除键	删除光标右边的字符
PgUp(PageUp)	向上翻页	光标定位到上一页
PgDn(PageDn)	向下翻页	光标定位到下一页
Num Lock	数字锁定转换键	Num Lock 灯亮时小键盘数字键起作用，否则为下挡的光标定位键起作用
Esc	强行退出	可废除当前命令行的输入，等待新命令的输入或中断当前正在执行的程序

4. 打字的标准姿势和方法

(1)手指的键位分工

双手在键盘中的各个键位上的分工，遵循着各执其政、分工明确和互不帮助的原则。在准备操作键盘时，首先应该将双手放在基准键位上。如图 1-1 所示的 A、S、D、F、J、K、L 和；这 8 个键称为基准键位，其中 F、J 键称为定位键(键帽上有一小横杠)，其作用是定位左右手食指，这样其余 3 指依次放下就能找到基准键位。

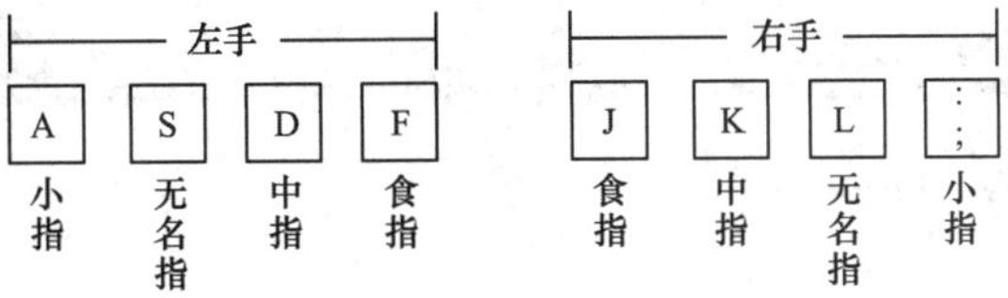

图 1-1　基准键位分布

字母键指法分区如图 1-2 所示，凡两斜线范围内的字母键都必须由规定的手指管理。这样一来，既便于操作，又便于记忆。

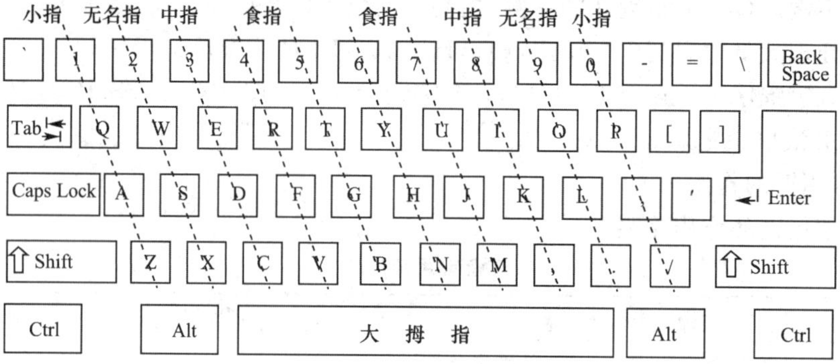

图 1-2　字母键指法分区

(2)键盘输入的正确姿势和要领

正确的打字姿势：平坐在椅子上，腰背要挺直，身体稍微向前倾斜，两脚自然地平放在地上；使用高度适当的工作台和椅子，便于手指操作；眼睛与显示器的距离一般为 30 cm 左右；两肘轻贴身体两侧，手指轻放在基准键位上，手腕悬空平直；将文稿放在键盘的左侧，键盘稍向左放置，眼睛要看稿子，不要盯着键盘；身体其他部位不要接触工作台和键盘。

正确的击键方法是击键而不是按键，击键时力量要适中。手指的全部动作只限于手指部分，手腕要平直，手臂不动；手腕至手指呈弧状，手指头的第一关节与键面垂直。击键时以指尖垂直向键位瞬间爆发冲击力，并立即由反弹力返回。击键要迅速、果断，不能拖拉、犹豫，操作时要稳、准、快。击键用力部位是指关节，不要手腕用力，可以把指力和腕力结合使用。

5. 英文指法练习

在老师指导下下载和安装有关指法练习软件，如使用金山打字通等相关指法练习软件进行指法练习，注意使用正确的指法。

实验 2　计算机的硬件组成

实验目的

1. 认识计算机的外观组成。
2. 掌握计算机的启动。
3. 了解计算机的内部结构。

实验内容

1. 认识计算机的外观组成。
2. 计算机的启动。
3. 计算机的内部结构。

实验步骤

1. 认识计算机的外观组成

计算机一般由以下几部分组成，如图 1-3 所示。

(a)键盘

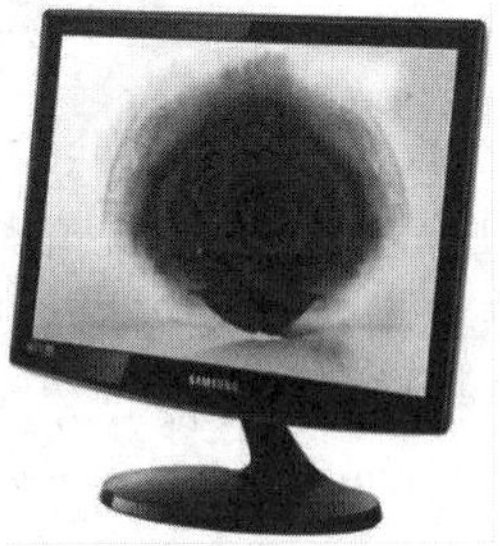

(b)显示器

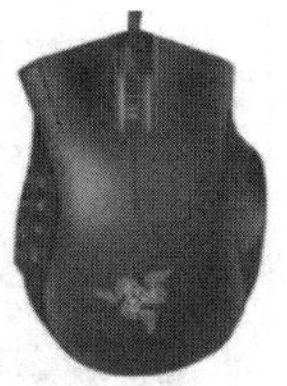

(c)鼠标

(d)主机

图 1-3　计算机的组成

2. 计算机的启动

主机箱上有一个开机键(Power)和一个重启键(Reset)，在计算机和电源连通的情况下，按一下 Power 键，即可启动计算机；在计算机开机的情况下，按一下 Reset 键可以实现计算机的重新启动。利用 Power 键和 Reset 键进行启动都属于冷启动，在计算机启动以后，利用 Ctrl＋Alt＋Del 快捷键进行启动属于热启动。

3. 计算机的内部结构

主机的内部构成如图 1-4 所示。

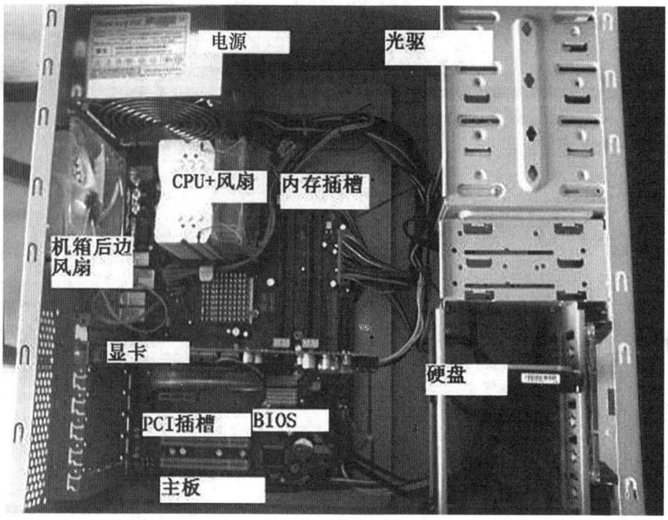

图 1-4　主机的内部构成

(1)主板如图 1-5 所示。主板又叫主机板(Mainboard)、系统板(Systemboard)和母板(Motherboard),它位于机箱内,是计算机最基本的也是最重要的部件之一。主板一般为矩形电路板,上面安装了组成计算机的主要电路系统,一般有 BIOS 芯片、I/O 控制芯片、键盘和面板控制开关接口、指示灯插接件、扩充插槽、主板及插卡的直流电源供电插件等元件。计算机内部其他各主要部件(如 CPU、内存条、显卡、网卡)就插在主板的相应插槽上。

(2)CPU 如图 1-6 所示,CPU 是计算机系统的心脏,计算机的运算和控制功能主要靠它来完成。

图 1-5　主板

图 1-6　CPU

(3)内存条如图 1-7 所示。内存条在计算机中起着举足轻重的作用,在计算机中担任“记忆”任务,是计算机中的记忆体。

图 1-7　内存条

(4)显卡如图 1-8 所示。显卡是 CPU 与显示器之间的重要配件,也叫显示适配器。显卡的作用是在 CPU 的控制下,将主机送来的显示数据转换为视频和同步信号送给显示器，最后再由显示器输出各种各样的图像。

图 1-8　显卡

(5)声卡如图 1-9 所示。麦克风和喇叭所用的都是模拟信号，而计算机所能处理的都是数字信号，两者不能混用，声卡的作用就是实现两者的转换。从结构上看，声卡可分为模数转换电路和数模转换电路两部分，模数转换电路负责将麦克风等声音设备采集的模拟声音信号转换为计算机能处理的数字信号；而数模转换电路负责将计算机使用的数字声音信号转换为喇叭等设备能使用的模拟信号。

(6)网卡如图 1-10 所示。网卡是网络接口卡(Network Interface Card，NIC)的简称，是计算机局域网中重要的连接设备之一，计算机也是通过网卡接入网络的。

图 1-9　声卡

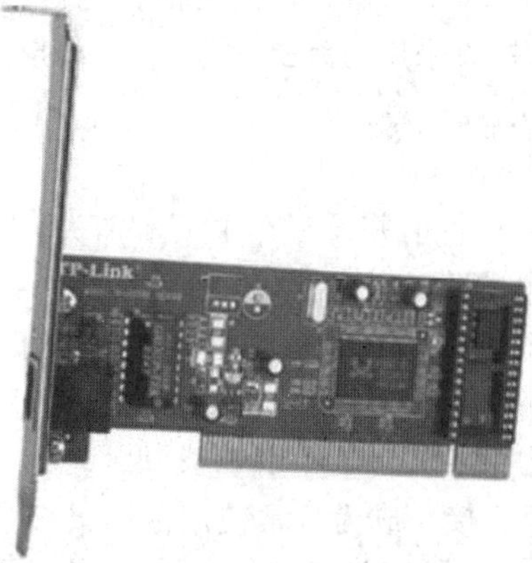

图 1-10　网卡

4. 主机的组装

(1)主板供电接口

在主板上，我们可以看到一个长方形的插槽，这个插槽就是电源为主板提供供电的插槽，如图 1-11 所示。目前主板供电的接口主要有 24 针(PIN)与 20 针(PIN)两种，在中高端的主板上，一般都采用 24 PIN 的主板供电接口设计，低端的产品一般为 20 PIN。不论采用 24 PIN 和 20 PIN，其插法都是一样的 。

(2)电源为主板供电接口

每一个电源都带有标准的为主板供电的接口，如图 1-12 所示。

为主板供电的接口采用了防呆式的设计，只有按正确的方法才能够插入。通过仔细观察也会发现在主板供电的接口上面有一个凸起的槽，而在电源的供电接口上面也采用了卡扣式的设计，这样设计的好处一方面是为防止用户反插，另一方面也可以使两个接口更加牢固地安装在一起。

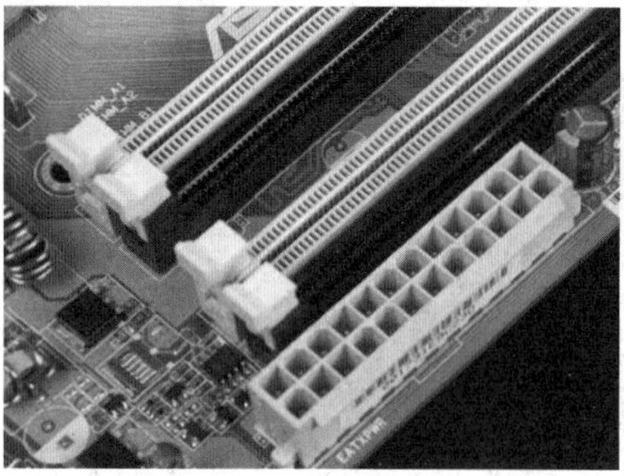

图 1-11　主板供电插槽

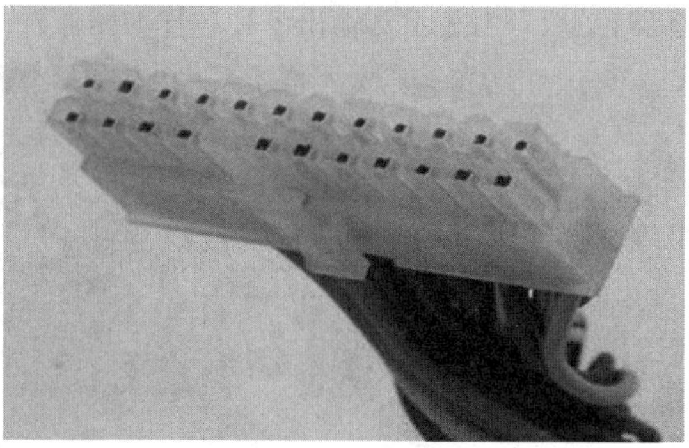

图 1-12　电源为主板供电接口

(3)CPU 供电接口

为了给 CPU 提供更强、更稳定的电压,目前主板上均提供一个给 CPU 单独供电的接口,有 4 针、6 针和 8 针三种。同时,电源上也提供了为 CPU 供电的 4 针、6 针与 8 针的接口。安装方法同电源接口给主板供电的插槽安装方法相同。

(4)SATA 串口

SATA 串口是用于硬盘供电的接口,由于数据线设计合理、具备更高的传输速度,因此渐渐替代 PATA 并口。目前大部分的硬盘都采用了串口设计。SATA 接口的安装也相当的简单,接口采用防呆式的设计,方向反了则无法插入,细心观察接口的设计,就能够看出如何连接。

(5)PATA 并口

PATA并口目前并没有在主板上消失,即便是在不支持并口 Intel 965 芯片组中,主板厂家也额外提供一块芯片来支持 PATA并口,这是因为目前的大部分光驱依旧采用 PATA并口。主板上 PATA接口的外侧中部有一个缺口,PATA数据线上一侧的中部也有一个凸出来的部分,这两部分正确结合后才能顺利插入,方向反了是无法进行安装的。

(6)主板上的扩展前置 USB 接口

目前,USB 接口成为日常使用范围最多的接口,大部分主板提供了高达 8 个 USB 接口,但一般在背部的面板中仅提供 4 个,剩余的 4 个需要我们安装到机箱前置的 USB 接口上,以方便使用。安装方法同前面 PATA 并口。

(7)主板上的扩展前置音频接口

目前大部分计算机主机除了具备前置的 USB 接口外,音频接口也被移植到了计算机主机的前面板上,为使计算机主机前面板上的耳机和话筒能够正常使用,我们还应该将前置的音频线与主板进行正确的连接。机箱前置音频插孔与主板相连接的扩展插口,前置的音频接口一般为双声道,L 表示左声道,R 表示右声道。其中 MIC 为前置的话筒接口,对应主板上的 MIC,HPOUT-L 为左声道输出,对应主板上的 HP-L 或 Line out-L(按采用的音频规范不同,如采用的是 ADA 音效规范,则接 HP-L),HPOUT-R 为右声道输出,对应主板上的 HP-R 或 Line out-R,按照对应的接口依次接入即可。

(8)主板上机箱电源、重启按钮

正确连接电脑机箱上的电源键、重启键才能使得计算机正常开启及重启,所以这是最重要的安装部分了。PWR SW 是电源接口,对应主板上的 PWR SW 接口,RESET 为重启键的接口，对应主板上的 RESET 插孔，SPEAKER 为机箱的前置报警喇叭接口，IDE_LED 为机箱面板上硬盘工作指示灯，对应主板上的 IDE_LED，剩下的 PLED 为电脑工作的指示灯，对应插入主板。需要注意的是，硬盘工作指示灯与电源指示灯分为正负极，在安装时需要注意，一般情况下红色代表正极。

(9)其他接口安装

主板上的扩展插槽依次安装 CPU(CPU 风扇)、内存条、显卡、网卡等设备，用螺钉固定主板、硬盘、光驱、电源、机箱面板等。

实验 3　文件与文件夹操作

实验目的

熟练掌握 Windows 10 操作系统中对文件与文件夹的管理。

实验内容

1. 创建文件夹。
2. 移动、复制文件(夹)。
3. 重命名文件夹。
4. 显示隐藏文件夹。
5. 搜索文件(夹)。
6. 文件夹操作扩展练习。

实验步骤

1. 创建文件夹

应先确定新建文件夹的位置，如桌面上、某磁盘或某已有文件夹内，此处以桌面为例。

右击桌面空白处，在弹出的快捷菜单中选择“新建”选项，再在级联菜单中选择“文件夹”选项。此时在桌面上出现一个新的文件夹图标，其名称为“新建文件夹”，并处于可编辑状态。重新输入文件夹名后，按 Enter 键或单击空白处，即创建完成，如图 1-13 所示。

2. 移动、复制文件(夹)

方法 1：用鼠标直接拖曳。

(1) 移动文件(夹)：在同一磁盘内移动时，先选中文件(夹)，用鼠标将其拖曳到所需的位置后，释放鼠标左键即可，如图 1-14 所示。在不同磁盘间移动时，先选中文件(夹)，用鼠标拖曳的同时按住 Shift 键，将选中的文件(夹)移动到目标位置后，释放鼠标左键和 Shift 键。

(2) 复制文件(夹):在同一磁盘内复制时,先选中文件(夹),按住 Ctrl 键的同时用鼠标将其拖曳到目标位置后,释放鼠标左键和 Ctrl 键。在不同磁盘间复制时,先选中文件(夹),用鼠标直接将其拖曳到目标位置即可。

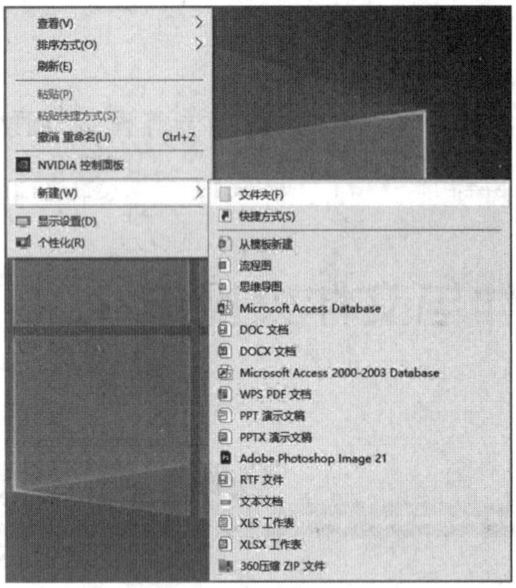

图 1-13　创建文件夹

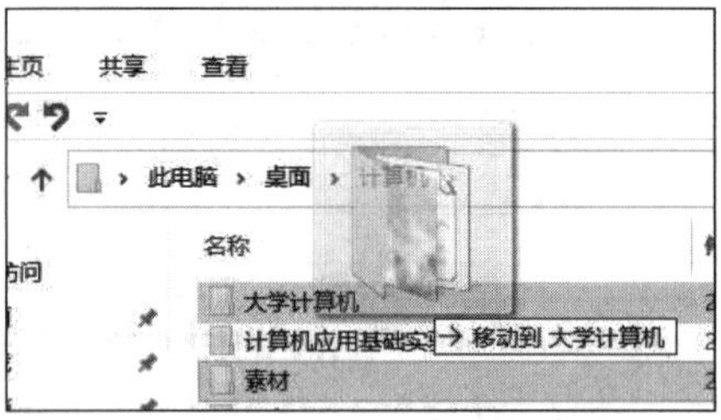

图 1-14　拖曳文件(夹)

方法 2:使用剪贴板。

① 选中要复制或移动的文件(夹),右击,在弹出的快捷菜单中选择“复制”或“剪切”选项,将其放入剪贴板,如图 1-15 所示。

② 在目标磁盘或文件夹空白处右击,在弹出的快捷菜单中选择“粘贴”选项,即可实现文件(夹)的复制或移动,如图 1-16 所示。

图 1-15　复制

图 1-16　粘贴

3. 重命名文件夹

重命名文件夹的操作有以下几种方法：

方法 1：选中文件(夹)，单击“主页”→“组织”→“重命名”按钮，即可重命名文件夹，如图 1-17 所示。

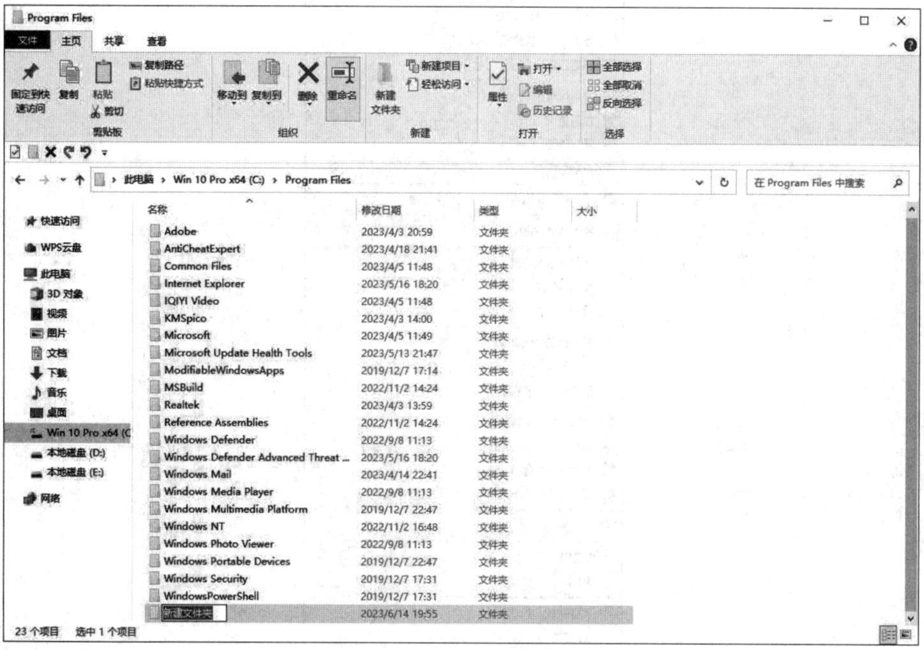

图 1-17　重命名文件夹方法 1

方法 2：单击要重命名的文件(夹)，再单击一次，使文件名处于可编辑状态，即可重命名文件夹，如图 1-18 所示。

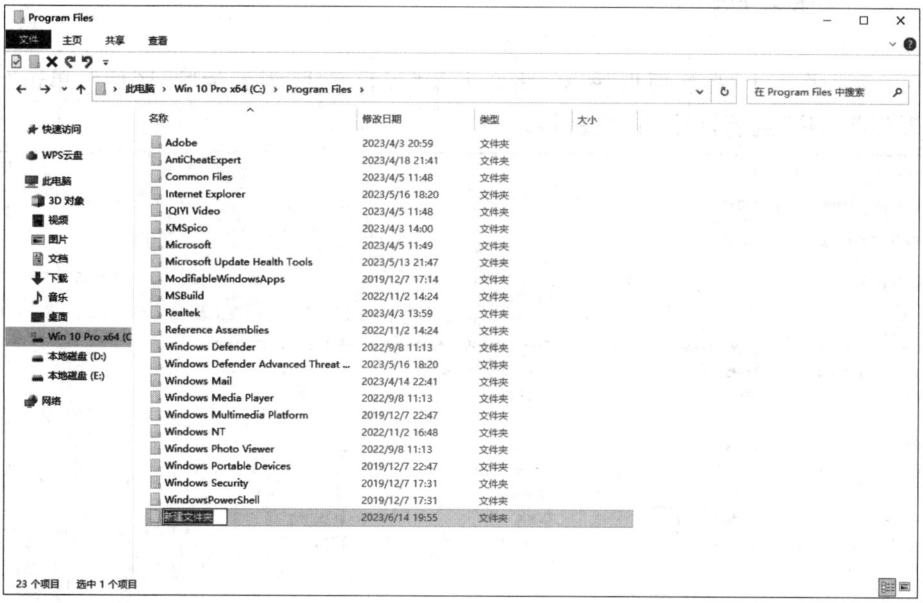

图 1-18　重命名文件夹方法 2

方法 3:右击要重命名的文件(夹),在弹出的快捷菜单中选择“重命名”选项,即可重命名文件夹,如图 1-19 所示。

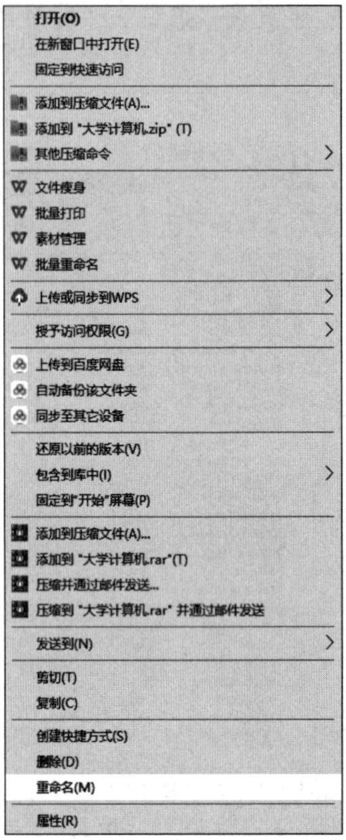

图 1-19　重命名文件夹方法 3

4. 显示隐藏文件夹

方法 1:

(1) 双击桌面上“控制面板”图标,将右上角“查看方式”设置为“小图标”,单击“文件资源管理器选项”选项,如图 1-20 所示。

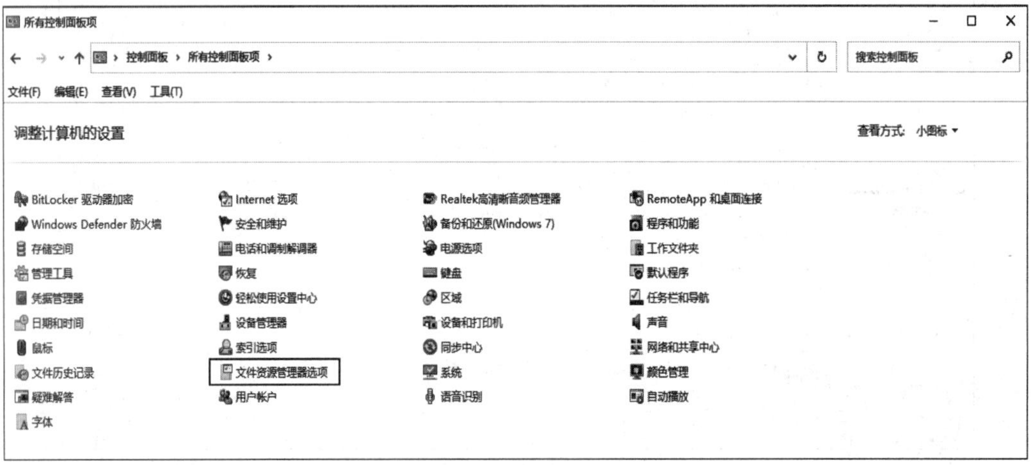

图 1-20　文件资源管理器选项

(2) 在打开的“文件资源管理器选项”对话框中单击“查看”选项卡，在“高级设置”选项区域中选择“隐藏文件和文件夹”选项，选中“显示隐藏的文件、文件夹和驱动器”单选按钮，单击“确定”按钮即可，如图 1-21 所示。

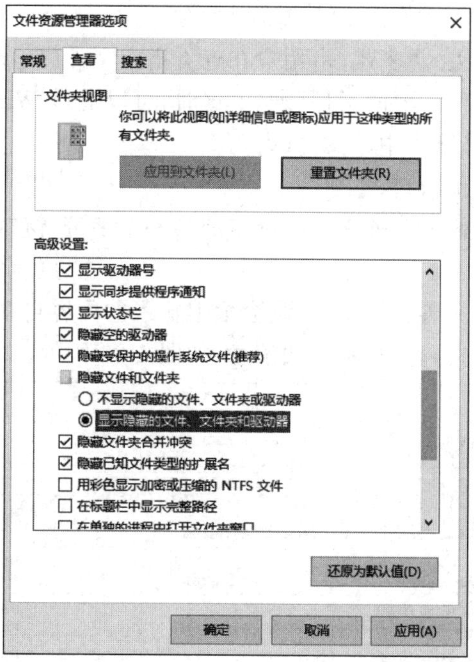

图 1-21　显示隐藏文件

方法 2：

(1) 在桌面上双击“此电脑”图标，在打开的窗口中单击“查看”→“选项”按钮，如图 1-22 所示。

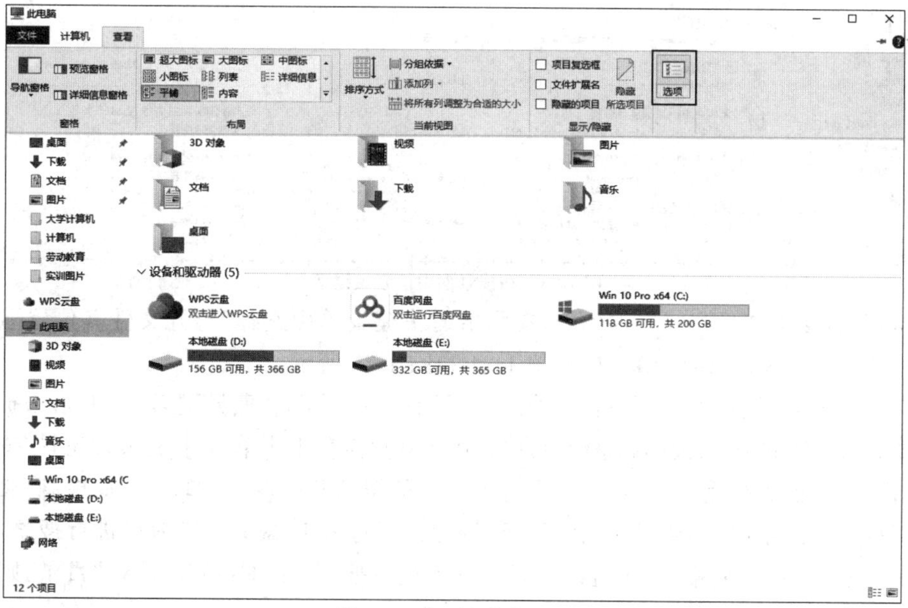

图 1-22　打开文件夹选项

（2）在打开的“文件资源管理器选项”对话框中单击“查看”选项卡，在“高级设置”选项区域中选择“隐藏文件和文件夹”选项，选中“显示隐藏的文件、文件夹和驱动器”单选按钮，单击“确定”按钮即可，如图 1-21 所示。

5.搜索文件（夹）

随着计算机中文件（夹）越来越多，用户在查看指定文件（夹）时，如果忘记了其具体名称和保存位置，就很难找到需要的文件（夹）。这时，可以通过 Windows 10 操作系统提供的搜索功能来快速搜索计算机中的文件（夹）。

（1）打开“此电脑”文件窗口。

（2）在右侧搜索框中输入要搜索的关键字的第一个字符，窗口中立刻自动筛选出包含该字符的文件（夹）。

（3）继续输入字符并完善关键字，系统会根据输入的内容自动搜索文件（夹）名称中包含该关键字的所有文件（夹），并显示相关信息，如图 1-23 所示。

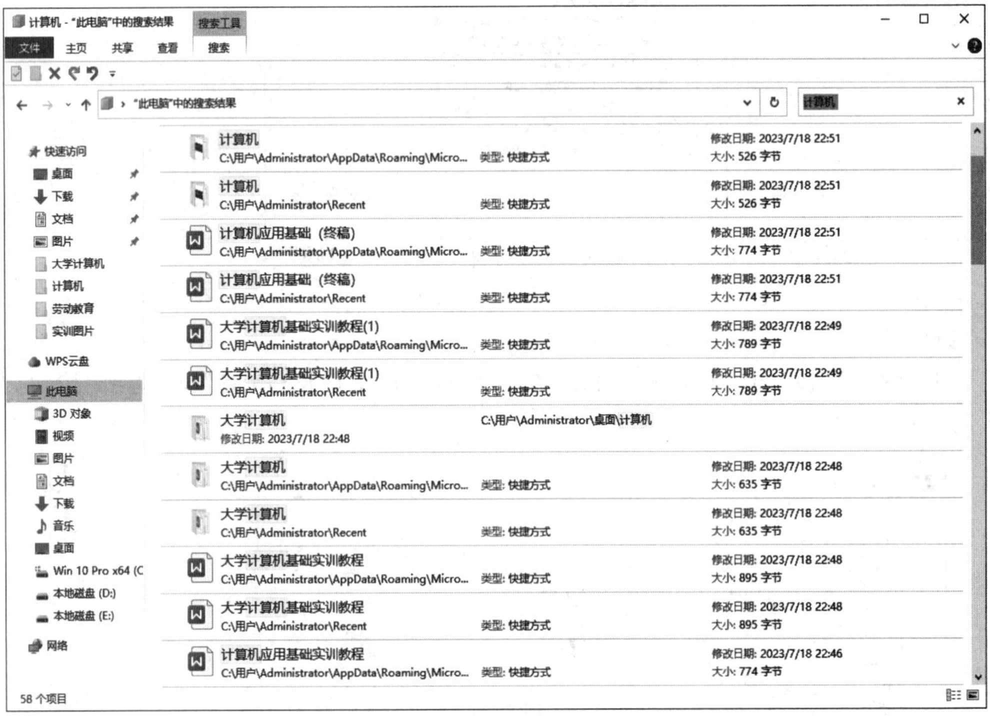

图 1-23　在搜索框中搜索关键字

（4）右击搜索结果中的文件（夹），在弹出的快捷菜单中选择“打开文件夹位置”选项，即可打开文件所在的文件夹窗口，如图 1-24 和图 1-25 所示。

（5）“搜索工具-搜索”选项卡各组功能，如图 1-26 所示，在“搜索”选项卡中，可根据需要进一步筛选文件的类型、大小和修改日期等，也可在该选项卡中单击“打开文件位置”按钮。

通过搜索框进行搜索时，首先需要进入相应的搜索范围窗口，如打开“此电脑”文件夹窗口直接进行搜索，那么搜索的范围为所有磁盘；若进入 D 盘文件夹窗口进行搜索，则搜索范围为整个 D 盘；同样，如果进入下级文件夹进行搜索，如“C:\Windows”目录，则搜索范围为整个“Windows”文件夹。

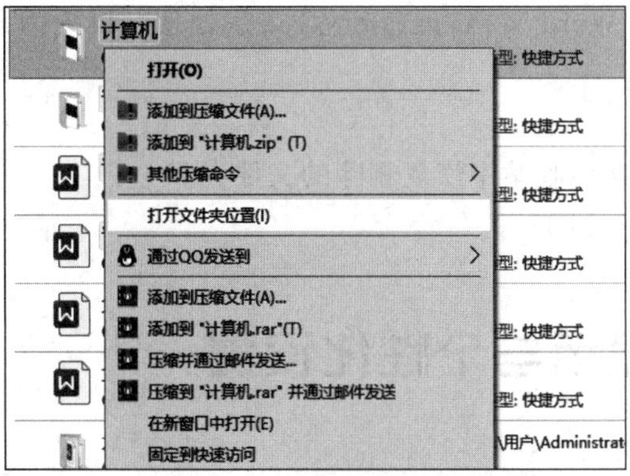

图 1-24　打开文件夹位置

图 1-25　直接打开文件所在的文件夹窗口

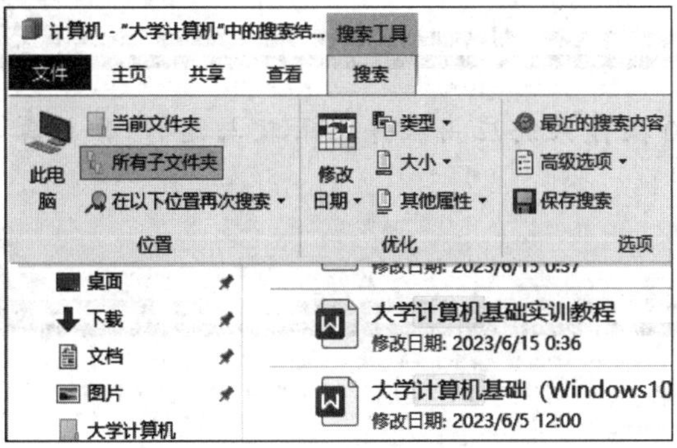

图 1-26　"搜索工具-搜索"选项卡

6. 文件夹操作扩展练习

(1)在 D 盘下创建如图 1-27 所示的目录结构。

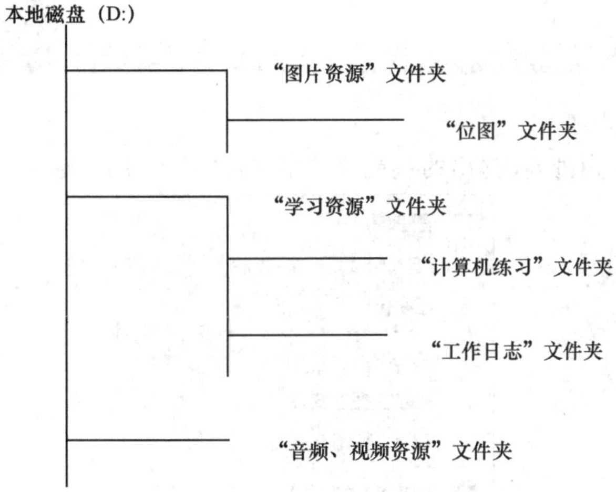

图 1-27　文件夹操作扩展练习

(2)搜索"C:\Windows\Program"文件夹下所有文件名含"setup"的文件,并以大图标的显示方式查看。

(3)将搜索结果除文件夹外的全部文件复制到"D:\学习资源\工作日志"文件夹中,并显示该文件夹下所有文件的扩展名。

(4)在“计算机练习”文件夹中新建一个 Word 文档,重命名为“文字处理”,设置为只读文档。

(5)隐藏“位图”文件夹。

(6)先删除“音频、视频资源”文件夹,后在回收站中恢复删除的文件夹。

(7)设置 C 盘回收站的最大空间为 9 000 MB。

实验 4 显示与个性化设置

实验目的

学会 Windows 10 操作系统应用程序的管理与运行,熟练掌握显示属性与个性化设置。

实验内容

1. 调整屏幕分辨率。
2. 设置桌面背景。
3. 更改屏幕保护程序。
4. 显示属性扩展练习。

实验步骤

1. 调整屏幕分辨率

(1)右击桌面空白处,在弹出的快捷菜单中选择“显示设置”选项,如图 1-28 所示。

图 1-28 “显示设置”命令

(2)打开显示设置窗口,在“显示器分辨率”下拉列表中调整分辨率,如图 1-29 所示。

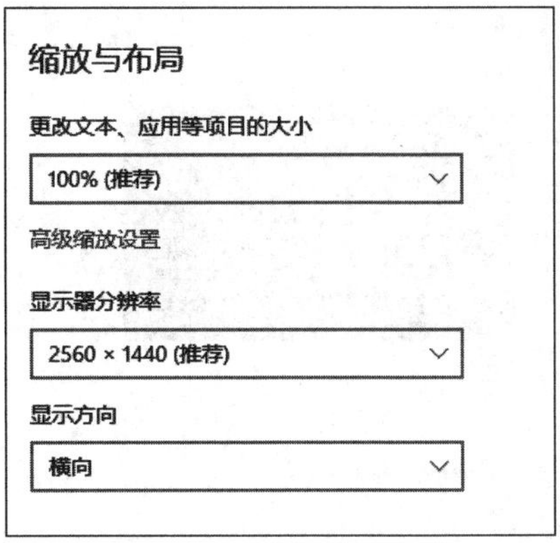

图 1-29　调整分辨率

(3)选择调整的分辨率后,在弹出的提示框中单击“保留更改”按钮即可。

2. 设置桌面背景

(1)右击桌面空白处,在弹出的快捷菜单中选择“个性化”选项,可参考图 1-28。

(2)在打开的“个性化”设置窗口的左侧列表中选择“背景”选项。在右侧窗格的“背景”下拉列表中选择“图片”选项,然后在“选择图片”选项区域中选择需要作为背景的图片。如果没有喜爱的图片,可以单击“浏览”按钮,指定计算机中的某个图片为桌面背景,如图 1-30 所示。

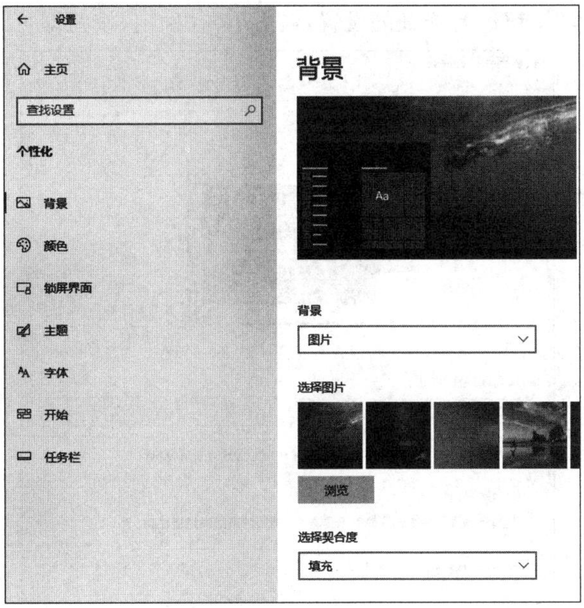

图 1-30　设置桌面背景

3. 更改屏幕保护程序

(1)右击桌面空白处,在弹出的快捷菜单中选择“个性化”选项,可参考图 1-28。

(2)在“个性化”设置窗口的左侧列表中选择“锁屏界面”选项,在右侧窗格下方选择“屏幕保护程序设置”选项,如图 1-31 所示。

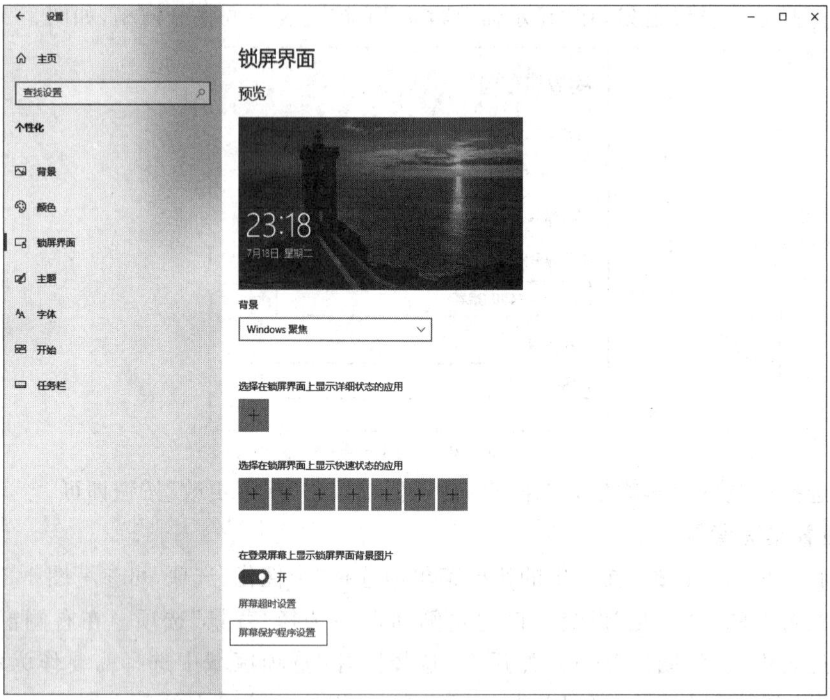

图 1-31　锁屏界面

(3)打开“屏幕保护程序设置”对话框,在“屏幕保护程序”下拉列表中选择喜爱的屏幕保护程序,并单击“设置”按钮进行详细的设置,最后单击“确定”按钮即可,如图 1-32 所示。

图 1-32　“屏幕保护程序设置”对话框

4. 显示属性扩展练习

(1)设置“屏幕保护程序”为“3D 文字”,“自定义文字”设为“你好,Windows 10!”,“等待时间”设为“5 分钟”。

(2)设置屏幕分辨率为“1280×768 像素”。

(3)将桌面背景图案设置为计算机中已有的一张图片(可下载自己喜欢的图片),填充显示。

实验 5　安装、卸载应用程序

实验目的

熟练掌握应用程序的安装与卸载。

实验内容

1. 安装应用程序。
2. 卸载已安装的程序。

实验步骤

1. 安装应用程序

一种是下载应用程序的安装文件后,双击执行该文件,根据安装向导的提示一直单击“下一步”按钮操作即可;另一种是在光驱中插入安装盘,双击使其自动运行,根据对话框的提示进行操作,即可完成新程序的安装。

2. 卸载已安装的程序

(1)打开“控制面板”窗口。

(2)单击“控制面板”中的“程序”选项,如图 1-33 所示。

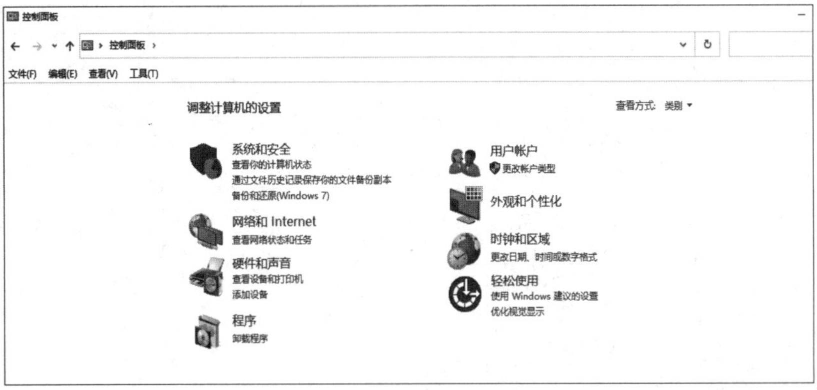

图 1-33　“控制面板”窗口

(3)选中“程序”→“程序和功能”选项区域下的“卸载程序”链接,如图 1-34 所示。

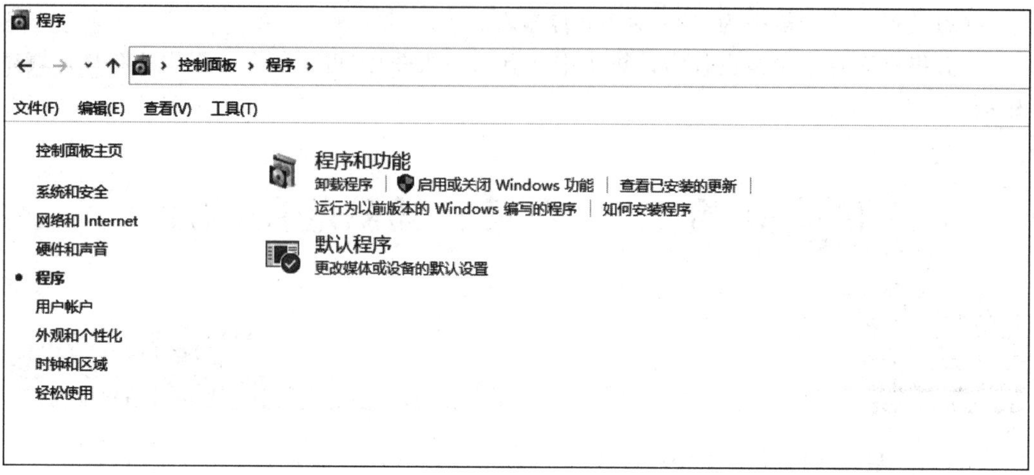

图 1-34 “程序”对话框

(4)在“卸载或更改程序”列表框中选定要删除的应用程序,然后单击“卸载/更改”按钮即可,如图 1-35 所示。

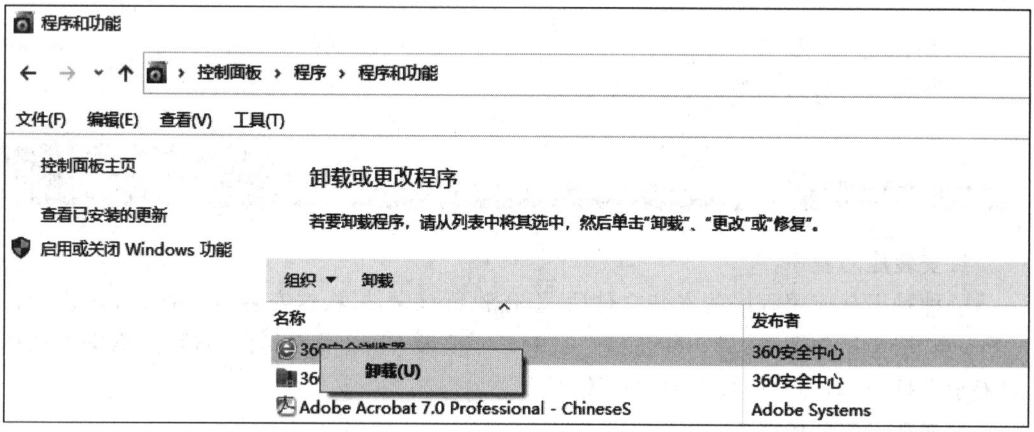

图 1-35 “程序和功能”对话框

模块 2
WPS 文字软件的使用

实验 1 诗词的排版

实验目的

掌握 WPS 文字中文字与符号的正确输入。

实验内容

对毛泽东的诗词《沁园春·长沙》设置精美的格式，具体要求如下：

1. 打开 WPS 文字，输入《沁园春·长沙》的文字内容。

2. 文章标题字体为“宋体”“加粗”“小初”，文字缩放 150%，居中对齐。

3. 作者名为“华文中宋”“二号”，加底纹，文字底纹为“黄色”，右对齐。

4. 正文字体采用“宋体”“三号”“加粗”。

5. 所有正文段落首行缩进 2 字符。

6. 文中的注释项加着重号，序号设为上角标。

7. 给文档中心句加下划线，样式为波浪线，颜色为“红色”。

8. 文档后的注释字体为“宋体”“四号”，手动设置编号格式，并且分两栏，栏间距为 22 磅。

最终效果如图 2-1 所示。

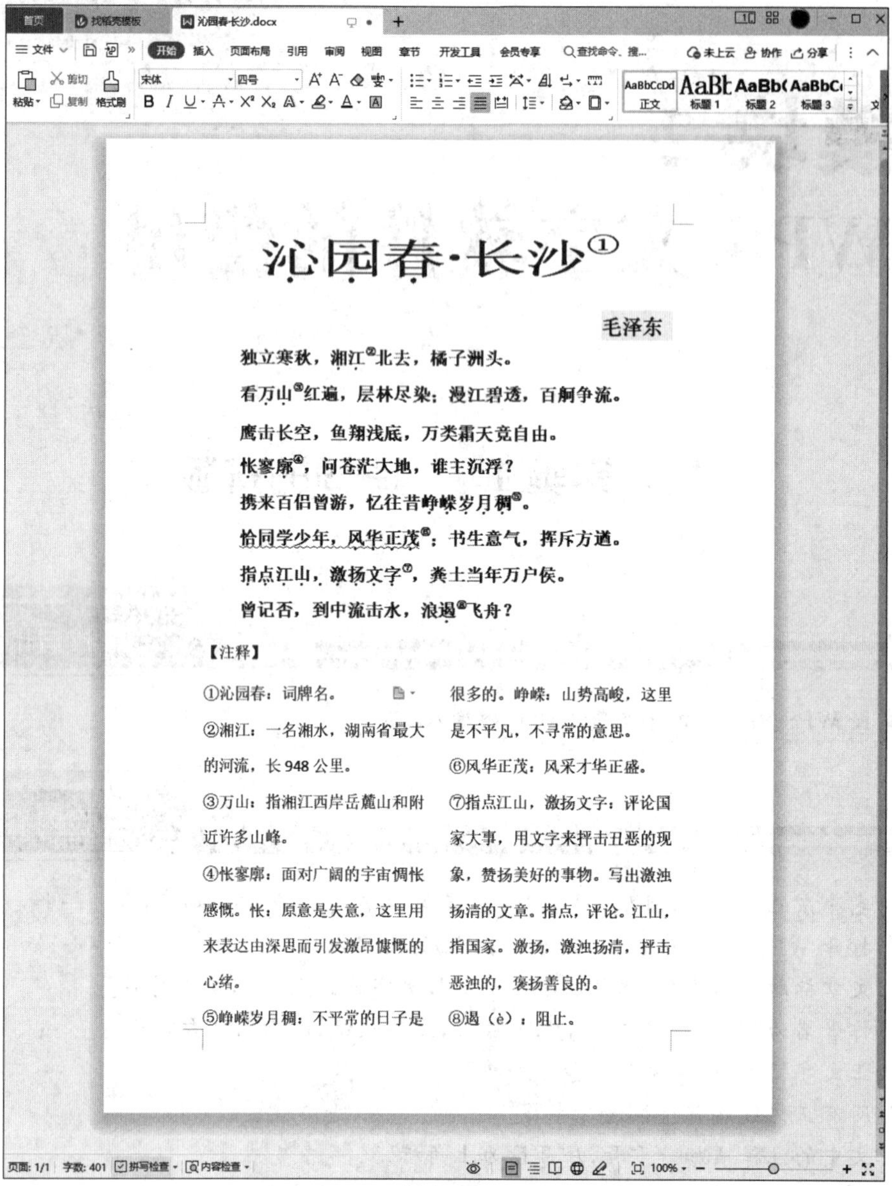

图 2-1　实验 1 最终效果

实验步骤

1. 打开 WPS 文字，输入《沁园春・长沙》的文字内容，如图 2-2 所示。“・”的输入可以单击“插入”→“符号”→“符号”下拉按钮，在弹出的“符号”下拉列表中选择“其他符号”选项，打开“符号”对话框，在“符号”选项卡下的字体“Wingdings”列表框中可找到“・”，如图 2-3 所示。

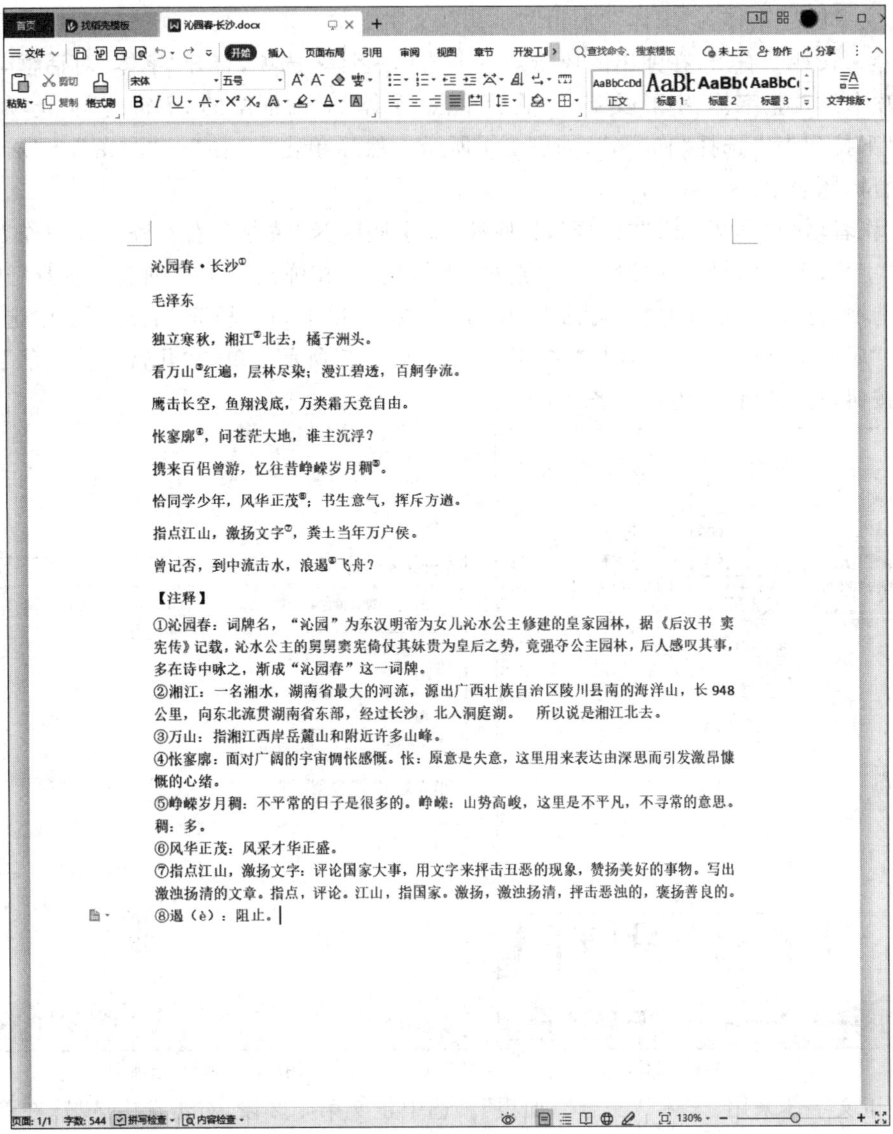

图 2-2 原文内容

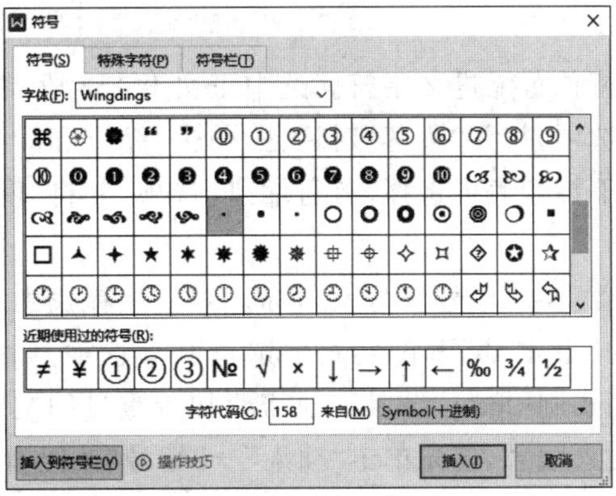

图 2-3 “符号”对话框

2. 文章标题字体为“宋体”“加粗”“小初”，文字缩放 150%，居中对齐。选中文章标题“沁园春·长沙”，右击，在弹出的快捷菜单中选择“字体”选项，打开“字体”对话框，在“字体”选项卡下调整字体、字形及字号，然后单击“字体”对话框中的“字符间距”选项卡，在“缩放”下拉列表中选择“150%”，如图 2-4 所示。然后单击“开始”→“段落”→“居中”按钮，设置标题居中。

3. 作者名为“华文中宋”“二号”，加底纹，文字底纹为“黄色”，右对齐。选中作者名设置字体字号，单击“开始”→“段落”→“边框”下拉按钮，在弹出的下拉列表中选择“边框和底纹”选项，打开“边框和底纹”对话框，单击“底纹”选项卡，在“填充”下拉列表中选择“黄色”，在“应用于”下拉列表中选择“文字”选项，如图 2-5 所示。单击“开始”→“段落”→“右对齐”按钮，将文字设置为右对齐。

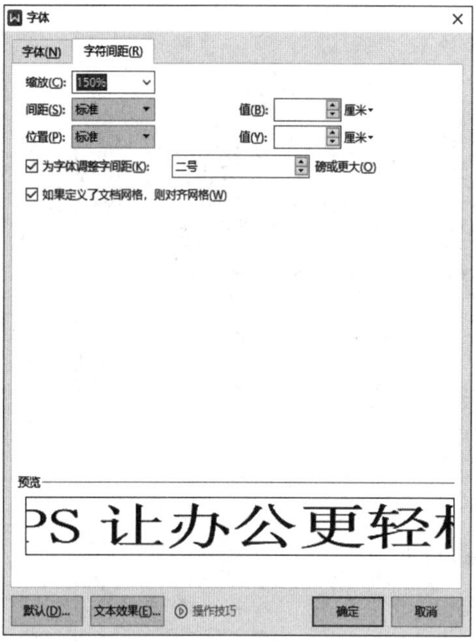

图 2-4 文字缩放操作

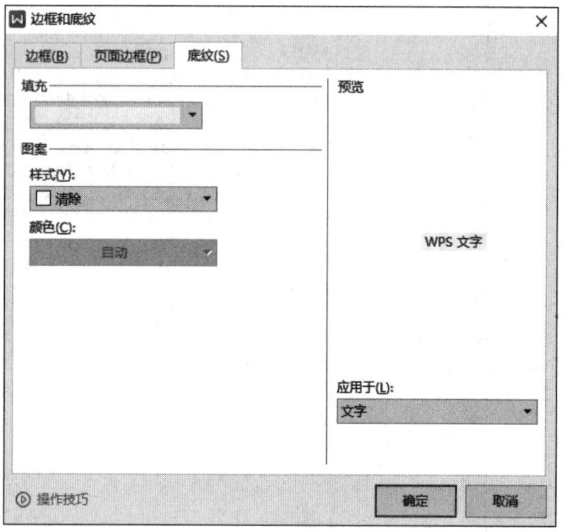

图 2-5 “底纹”选项卡

4. 正文字体采用“宋体”“三号”“加粗”。选中正文第 1、2 段，右击选中区域，在弹出的快捷菜单中选择“字体”选项，在打开的“字体”对话框的“字体”选项卡中设置字体、字形、字号。

5. 所有正文段落进行首行缩进 2 字符。选中正文第 1、2 段，右击选中区域，在弹出的快捷菜单中选择“段落”选项，打开“段落”对话框，单击“缩进和间距”选项卡，在“缩进”选项区域中的“特殊格式”下拉列表中选择“首行缩进”选项，并将“度量值”设置为“2”字符，如图 2-6 所示。

6. 文中的注释项加着重号，序号设为上角标。对应注释找到文章需要加着重号的文字，在“字体”选项卡下的“着重号”下拉列表中选择“ · ”选项，如图 2-7 所示。然后单击“开始”→“剪贴板”→“格式刷”按钮，设置其他需要加着重号的文字。为有着重号的文字添加上角标，在文字后插入编号，首先单击“插入”→“编号”按钮，打开“插入编号”对话框，在“数字”文本框中输入“1”，并在“数字类型”列表框中选择“①，②，③…”选项，如图 2-8

所示，然后打开“字体”对话框，选中“效果”选项区域下的“上标”复选框，注意“着重号”下拉列表中选择“无”选项，为其他需要注释的文字加上序号。

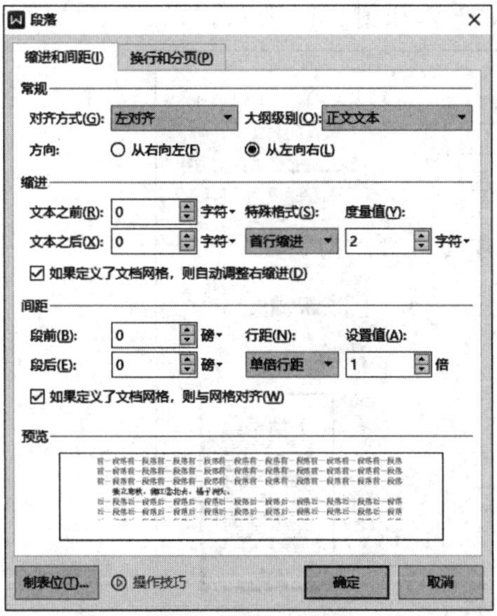

图 2-6　“段落”对话框

图 2-7　在“字体”对话框中选择着重号

7. 给文档中心句加下划线，样式为波浪线，颜色为“红色”。选中文档中心句，右击，在弹出的快捷菜单中选择“字体”选项，打开“字体”对话框，设置“下划线线型”为“﹏”及“下划线颜色”为“红色”，如图 2-9 所示。

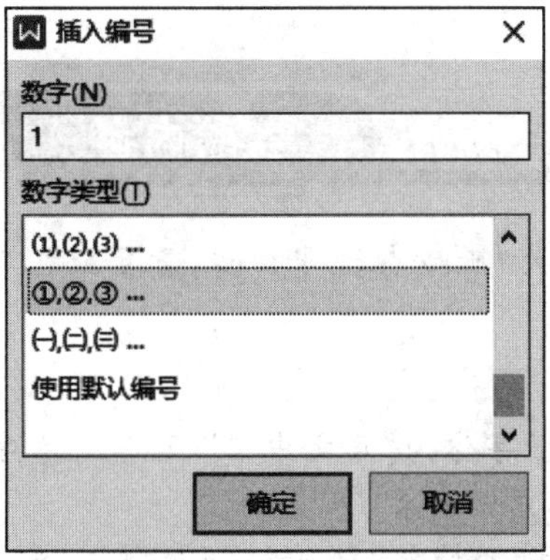

图 2-8　“编号”对话框

图 2-9　在“字体”对话框中设置下划线

8. 文档后的注释字体为“宋体”“四号”，手动设置编号格式，并且分两栏，栏间距为 22

磅。在“字体”选项卡下设置字体字号。分栏设置，首先选中注释文字，然后单击“布局”→“页面设置”→“分栏”下拉按钮，在弹出的下拉列表中选择“更多分栏”选项，打开“分栏”对话框，选择“两栏”选项，在“间距”文本框中输入“22”，如图 2-10 所示。

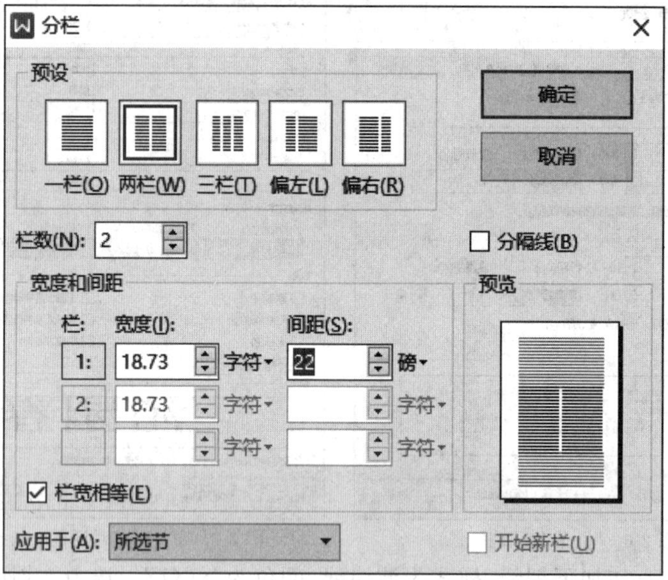

图 2-10 “分栏”对话框

9. 对照最终效果完成实验 1。

实验 2 活动策划书的排版

实验目的

掌握 WPS 文字中对字符、段落及页面的相关设置。

实验内容

为校园文化艺术节活动设置精美活动策划书，主题为“砥砺奋进守初心，青春献礼二十大”，具体要求如下：

1. 设置页面上、下页边距为 3 厘米。

2. 设置标题文字“砥砺奋进守初心，青春献礼二十大”字体为“华文中宋”，设置艺术字样式“渐变填充-金色，轮廓-着色 4”，“上下型”环绕，水平居中对齐。

3. 设置副标题“——2023 校园文化艺术节活动策划书”为“楷体”“三号”“右对齐”。为副标题设置脚注，脚注内容为“xx 大学第一届校园文化艺术节”。

4. 设置正文文字为“宋体”“四号”；正文内容段落设置“首行缩进”“2 字符”。

5. 设置文档中内容：“活动主题”“活动对象”“活动时间”“活动内容”为“黑体”“小三号”，并设置如样张所示的项目符号。

6. 在文档适当位置插入素材文件中的“宣传图.jpg”图片，并设置为“紧密型环绕”并调整到适当大小。

7. 在文档“活动内容”后插入 3 行 4 列的表格，输入如样张所示的内容，字体与正文字体相同（“宋体”“四号”）。表格底纹为“橙色，着色 2，浅色 80%”，边框样式为“橙色，着色 4，磅数 0.5”，并应用于所有边框。

8. 页面底纹为纹理填充效果中的“纸纹 2”效果。

9. 为文档添加页码，位置为底部居中，起始页码为“0”。

10. 最终效果如图 2-11 和图 2-12 所示。

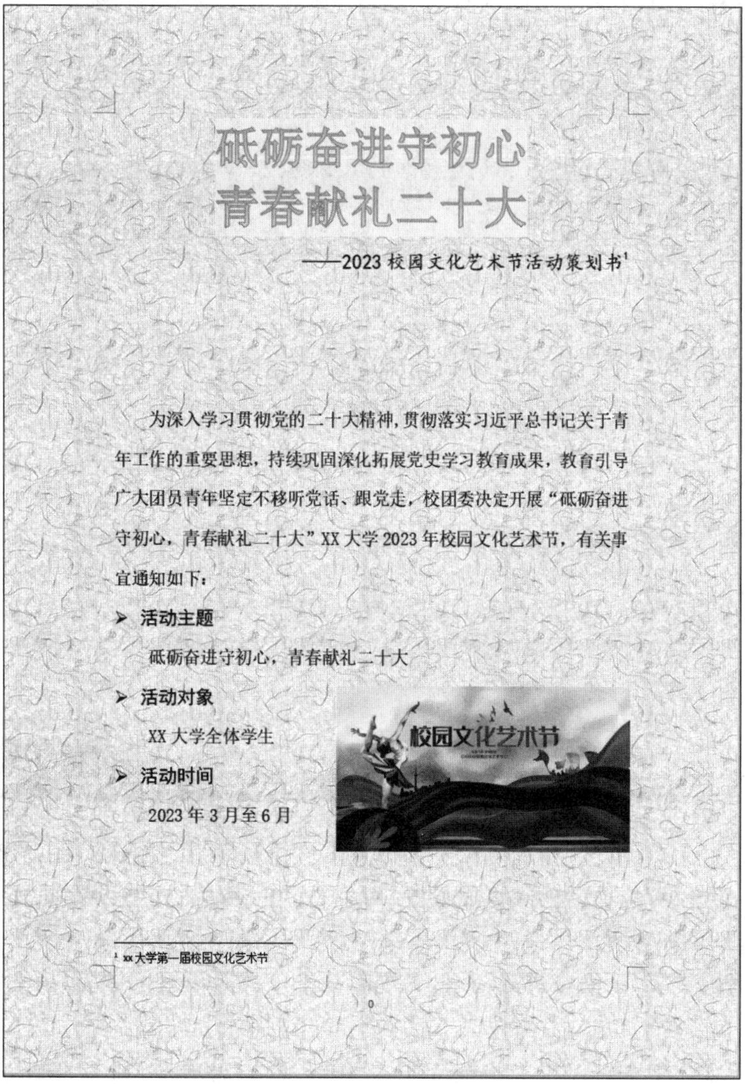

砥砺奋进守初心
青春献礼二十大

——2023 校园文化艺术节活动策划书[1]

为深入学习贯彻党的二十大精神，贯彻落实习近平总书记关于青年工作的重要思想，持续巩固深化拓展党史学习教育成果，教育引导广大团员青年坚定不移听党话、跟党走，校团委决定开展“砥砺奋进守初心，青春献礼二十大”XX 大学 2023 年校园文化艺术节，有关事宜通知如下：

➢ 活动主题

砥砺奋进守初心，青春献礼二十大

➢ 活动对象

XX 大学全体学生

➢ 活动时间

2023 年 3 月至 6 月

[1] xx 大学第一届校园文化艺术节

0

图 2-11　实验 2　最终效果 1

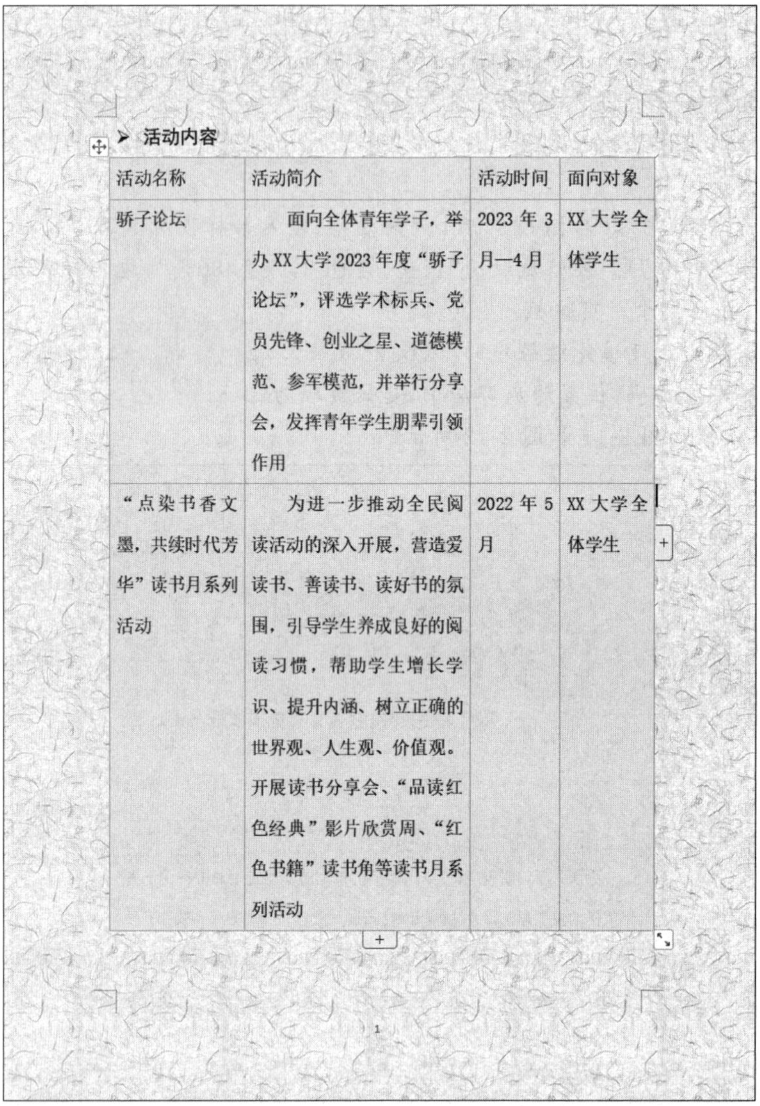

➢ 活动内容

活动名称	活动简介	活动时间	面向对象
骄子论坛	面向全体青年学子，举办XX大学2023年度“骄子论坛”，评选学术标兵、党员先锋、创业之星、道德模范、参军模范，并举行分享会，发挥青年学生朋辈引领作用	2023年3月—4月	XX大学全体学生
“点染书香文墨，共续时代芳华”读书月系列活动	为进一步推动全民阅读活动的深入开展，营造爱读书、善读书、读好书的氛围，引导学生养成良好的阅读习惯，帮助学生增长学识、提升内涵、树立正确的世界观、人生观、价值观。开展读书分享会、“品读红色经典”影片欣赏周、“红色书籍”读书角等读书月系列活动	2022年5月	XX大学全体学生

1

图 2-12　实验 2　最终效果 2

实验步骤

1. 打开素材文档，单击“布局”→“页面设置”→“页边距”下拉按钮，在弹出的下拉列表中选择“自定义边距”选项，打开“页面设置”对话框，在该对话框中设置页面上、下页边距为 3 厘米，如图 2-13 所示。

2. 选中标题文字“砥砺奋进守初心，青春献礼二十大”，设置字体为“华文中宋”。再次选中标题“砥砺奋进守初心，青春献礼二十大”，单击“插入”→“艺术字”下拉按钮，在弹出的下拉列表中选择第 1 行第 1 个艺术字样式“渐变填充-金色，轮廓-着色 4”，单击标题文字，在右侧弹出的快捷菜单中选择“布局”选项，打开“布局”对话框，在“文字环绕”选项卡的“环绕方式”选项区域中选择“上下型”选项，如图 2-14 所示。在“位置”选项卡的“水平”选项区域中选中“对齐方式”单选按钮，并在其右侧的下拉列表中选择“居中”选项，如图 2-15 所示。

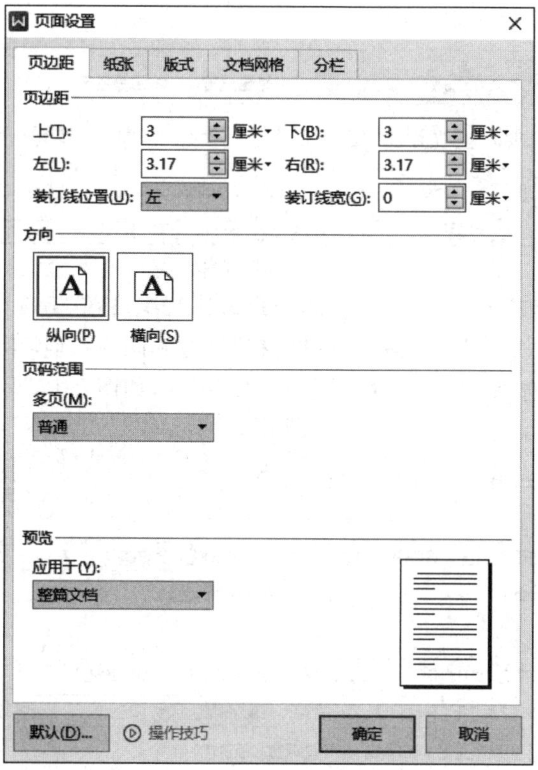

图 2-13　“页面设置”对话框

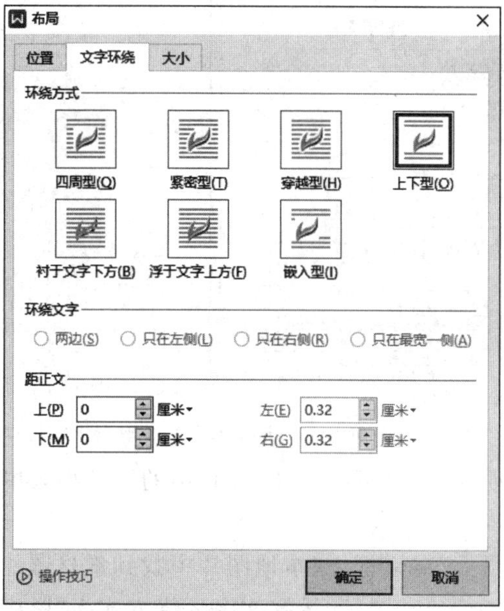

图 2-14　“文字环绕”选项卡

图 2-15　“位置”选项卡

3. 选中副标题“——2023 校园文化艺术节活动策划书”，在“字体”对话框中设置字体为“楷体”“三号”，在“段落”对话框中设置“右对齐”。为副标题设置脚注，光标停留在副标题结尾，单击“引用”→“脚注”→“插入尾注”按钮，如图 2-16 所示，在页面结尾脚注处输入“xx 大学第一届校园文化艺术节”。

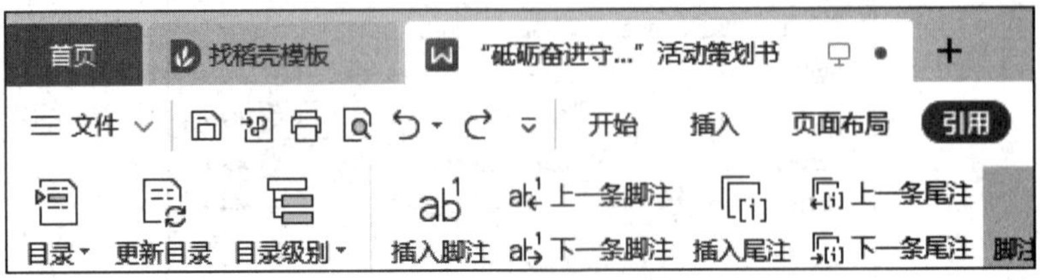

图 2-16 插入尾注

4. 设置正文文字为“宋体”“四号”。选中正文所有段落，右击选中区域，在弹出的快捷菜单中选择“段落”命令，打开“段落”对话框，在“缩进和间距”选项卡的“特殊格式”下拉列表中选择“首行缩进”选项，并设置“度量值”为“2”字符，如图 2-17 所示。

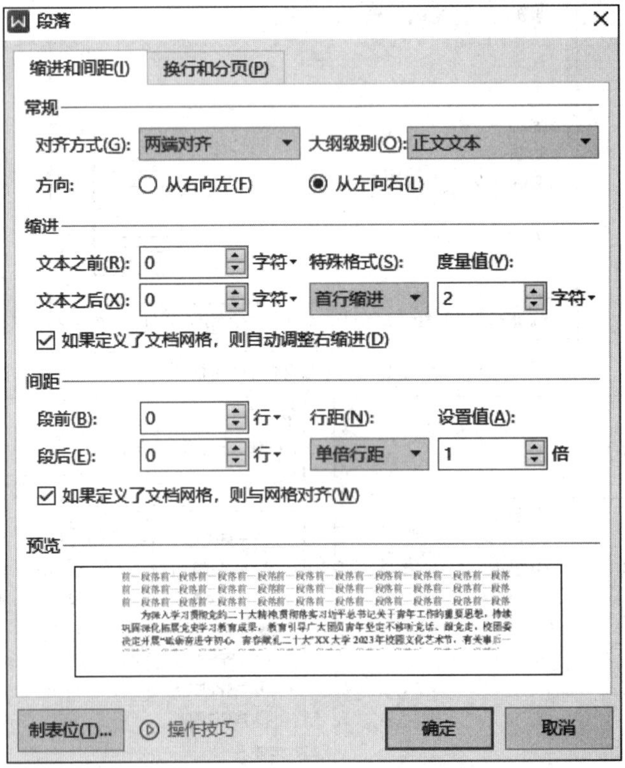

图 2-17 “段落”对话框

5. 设置文档中内容“活动主题”“活动对象”“活动时间”“活动内容”为“黑体”“小三号”。选中项目符号，单击“开始”→“段落”→“项目符号”下拉按钮，在弹出的下拉列表中找到如最终效果所示的项目符号。

6. 单击“插入”→“图片”按钮，打开“插入图片”对话框，在本地图片中找到素材图片“宣传图.jpg”的位置，插入图片。单击“布局选项”浮动图标，设置文字环绕方式为“紧密型环绕”并调整到适当大小，如图 2-18 所示。

图 2-18　设置环绕方式

7. 在文档“活动内容”后插入 3 行 4 列的表格，内容如最终效果 2 所示。光标定位在“活动内容”后，单击“插入”→“表格”下拉按钮，在弹出的下拉列表中圈选 3 行 4 列表格，输入如最终效果 2 所示的内容。

单击“表格工具-设计”→“表格样式”→“底纹”按钮，设置表格底纹为“橙色，着色 2，浅色 80%”，单击“表格工具-设计”→“边框”→“边框”下拉按钮，设置边框样式为“橙色，着色 4，磅数 0.5”，并应用于所有边框。

8. 页面底纹为纹理填充效果中的“纸纹 2”效果。单击“页面布局”→“背景”→“填充效果”→“纹理”下拉按钮，选择“纸纹 2”效果，单击“确定”按钮，如图 2-19 所示。

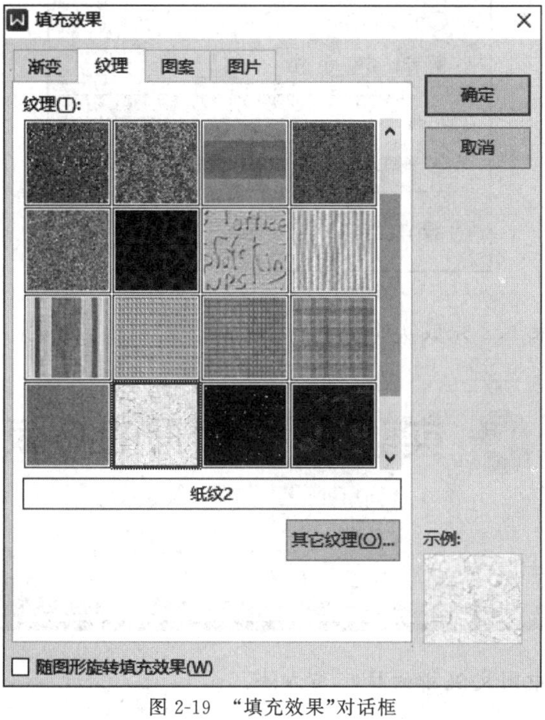

图 2-19　“填充效果”对话框

9. 为文档添加页码，位置为底部居中。单击“插入”→“页码”下拉按钮，如图 2-20 所示，在弹出的下拉列表中选择“页脚中间”命令。

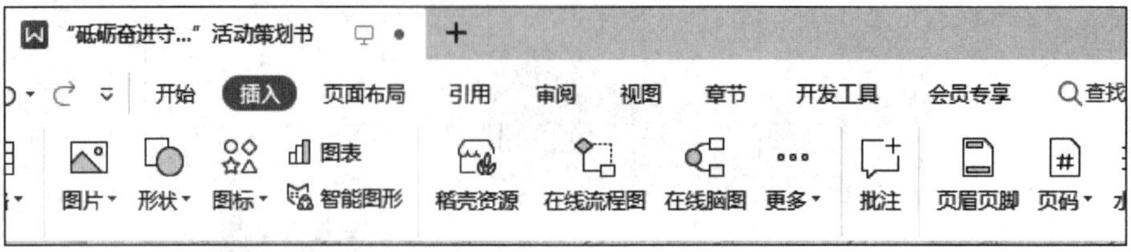

图 2-20　设置页码

单击“页眉页脚”→“页码”下拉按钮，在弹出的下拉列表中选择“页码”命令，打开“页码”对话框，将“起始页码”设置为“0”，单击“确定”按钮，如图 2-21 所示，则第二页显示页码“1”设置完成。

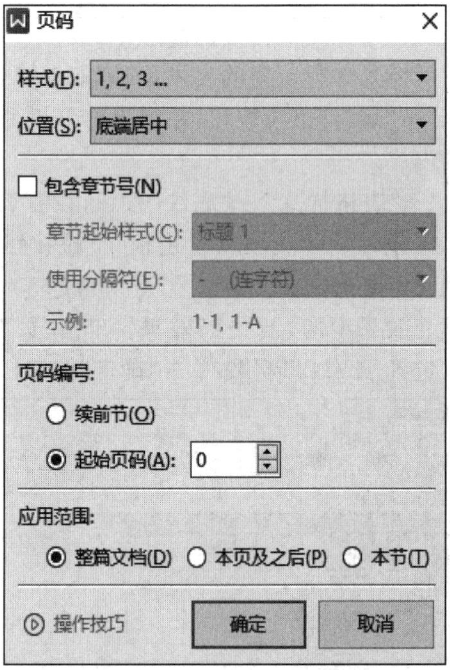

图 2-21　“页码格式”对话框

10. 对照最终效果 1、2 完成实验 2。

实验 3　板报的排版

实验目的

掌握 WPS 文字中图文混排的技巧与方法。

实验内容

对朱自清的散文《春》设置精美的格式，具体要求如下：

1. 打开素材文档，设置全文字体为“仿宋”，字号为“小三”，纸张方向调整为“横向”。

2. 为标题设置艺术字样式为“填充-白色，轮廓-着色 5，阴影”，艺术字形状效果为“阴影”→“外部”第一个效果，艺术字为文字环绕“四周型”。

3. 最后一段设置首字下沉，字体为“楷体”，下沉行数为“2”，距正文 0.5 厘米。同时将最后一段分两栏，加分割线，栏间距为 1.5 字符。

4. 插入素材文件夹中的“背景.jpg”图片，衬于文字下方，图片大小设置宽度为 30 厘米，高度为 21 厘米，作为页面背景图片调整到适当位置，为第二页设置同样的背景。

最终效果如图 2-22 和图 2-23 所示。

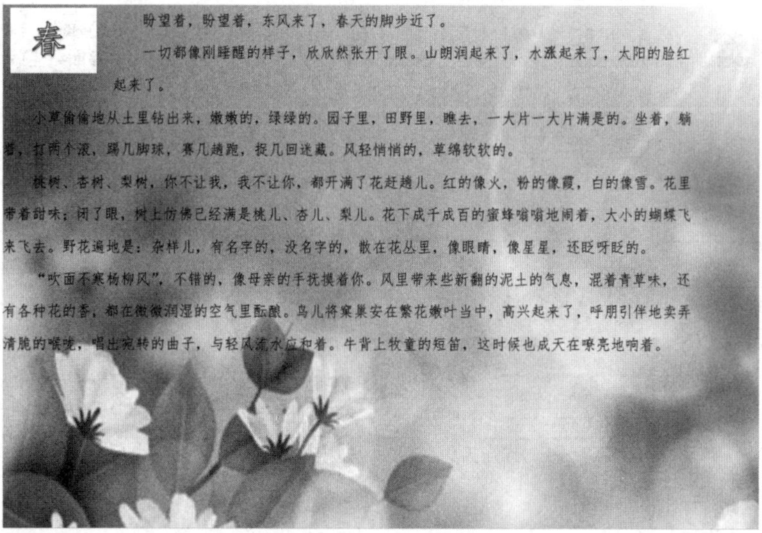
春

盼望着，盼望着，东风来了，春天的脚步近了。

一切都像刚睡醒的样子，欣欣然张开了眼。山朗润起来了，水涨起来了，太阳的脸红起来了。

小草偷偷地从土里钻出来，嫩嫩的，绿绿的。园子里，田野里，瞧去，一大片一大片满是的。坐着，躺着，打两个滚，踢几脚球，赛几趟跑，捉几回迷藏。风轻悄悄的，草绵软软的。

桃树、杏树、梨树，你不让我，我不让你，都开满了花赶趟儿。红的像火，粉的像霞，白的像雪。花里带着甜味；闭了眼，树上仿佛已经满是桃儿、杏儿、梨儿。花下成千成百的蜜蜂嗡嗡地闹着，大小的蝴蝶飞来飞去。野花遍地是：杂样儿，有名字的，没名字的，散在花丛里，像眼睛，像星星，还眨呀眨的。

“吹面不寒杨柳风”，不错的，像母亲的手抚摸着你。风里带来些新翻的泥土的气息，混着青草味，还有各种花的香，都在微微润湿的空气里酝酿。鸟儿将窠巢安在繁花嫩叶当中，高兴起来了，呼朋引伴地卖弄清脆的喉咙，唱出宛转的曲子，与轻风流水应和着。牛背上牧童的短笛，这时候也成天在嘹亮地响着。

图 2-22　实验 3　最终效果 1

雨是最寻常的，一下就是三两天。可别恼。看，像牛毛，像花针，像细丝，密密地斜织着，人家屋顶上全笼着一层薄烟。树叶子却绿得发亮，小草也青得逼你的眼。傍晚时候，上灯了，一点点黄晕的光，烘托出一片安静而和平的夜。乡下去，小路上，石桥边，撑起伞慢慢走着的人；还有地里工作的农夫，披着蓑，戴着笠的。他们的草屋，稀稀疏疏的在雨里静默着。

图 2-23　实验 3　最终效果 2

实验步骤

1. 打开素材文档，设置全文字体为“仿宋”，字号为“小三”，纸张方向调整为“横向”。纸张方向调整可单击“页面布局”→“纸张方向”下拉按钮，在弹出的下拉列表中选择“横向”选项。

2. 为标题设置艺术字样式，选中标题文字“春”，单击“插入”→“艺术字”下拉按钮，在弹出的下拉列表中选择第一行第四个艺术字样式，即“填充-白色，轮廓-着色 5，阴影”，如图 2-24 所示。选中艺术字，单击“绘图工具”→“形状效果”下拉按钮，在弹出的下拉列表中选择“阴影”→“外部”的第一个效果“右下斜偏移”，艺术字文字环绕为“四周型”，如图 2-25 所示。

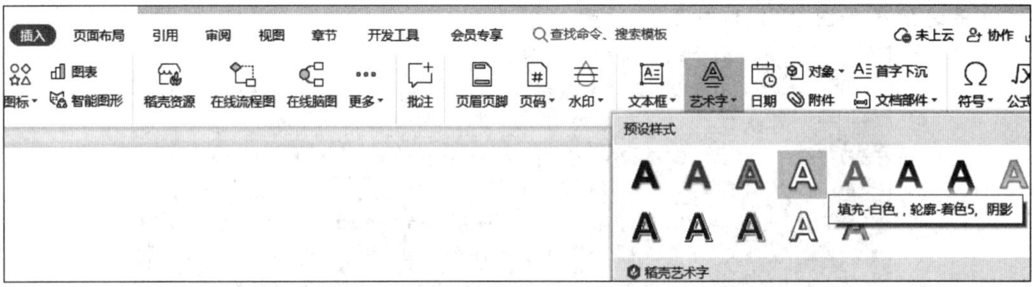

图 2-24　插入艺术字

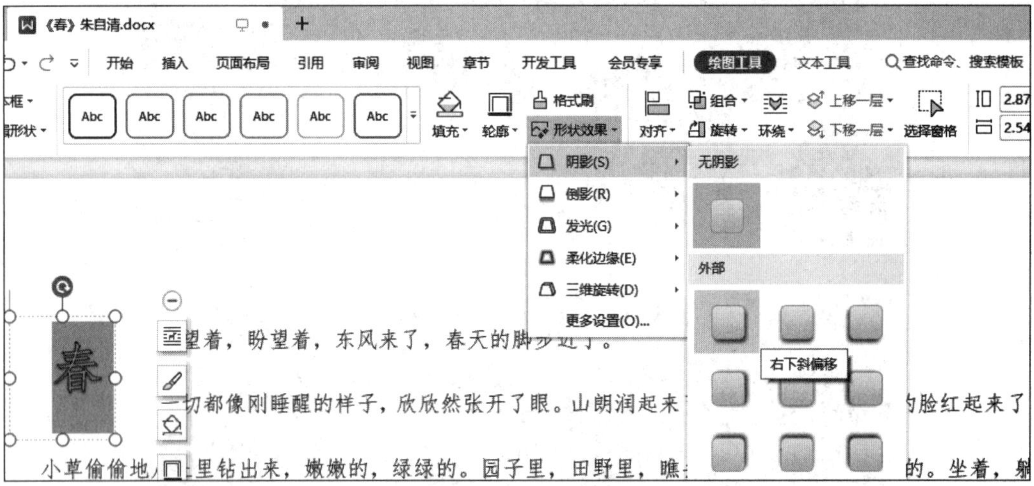

图 2-25　设置艺术字样式

3. 最后一段设置首字下沉，字体为“楷体”，下沉行数为“2”，距正文 0.5 厘米。光标定位到最后一段，单击“插入”→“首字下沉”下拉按钮，打开“首字下沉”对话框，在“选项”选项区域中设置下沉行数为“2”，字体为“楷体”，距正文“0.5 厘米”，如图 2-26 所示。

将最后一段分两栏，加分隔线，栏间距为 1.5 字符。选中最后一段，单击“布局”→“页面设置”→“分栏”下拉按钮，在弹出的下拉列表中选择“更多分栏”选项，打开“分栏”对话框，选择“两栏”选项，选中“分隔线”复选框，设置间距为“1.5 字符”，如图 2-27 所示。

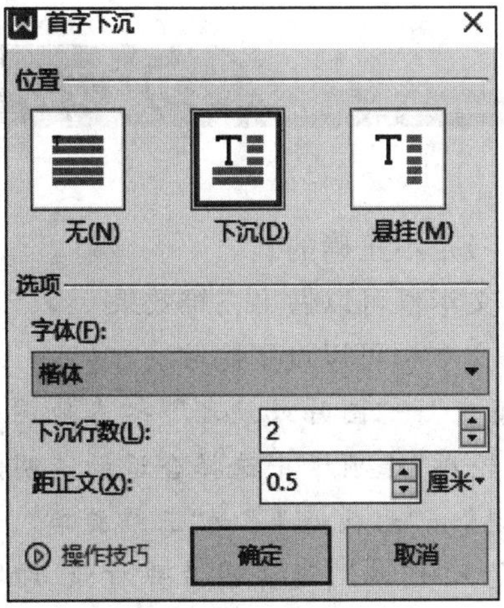

图 2-26 “首字下沉”对话框

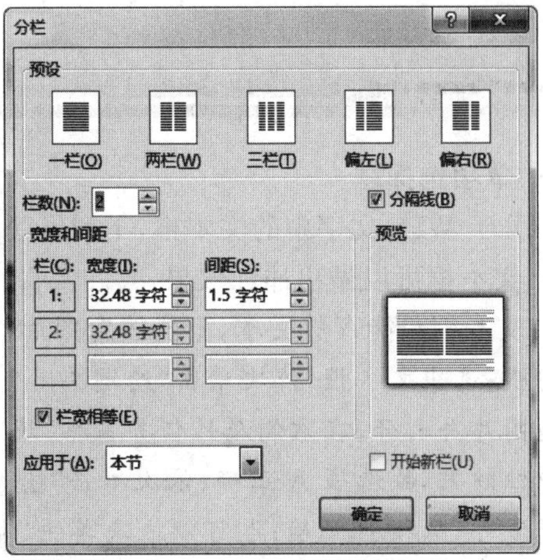

图 2-27 “分栏”对话框

4. 插入素材文件夹中的“背景.jpg”图片，单击“插入”→“图片”按钮，打开“插入图片”对话框，在素材文件夹位置找到“背景.jpg”，设置图片环绕方式为“衬于文字下方”，选中图片，单击“图片工具”→“重设大小”选项组右下方小箭头打开“布局”对话框，在“大小”选项卡中取消选中“锁定纵横比”复选框，再将宽度的绝对值修改为 30 厘米，高度的绝对值修改为 21 厘米，如图 2-28 所示。

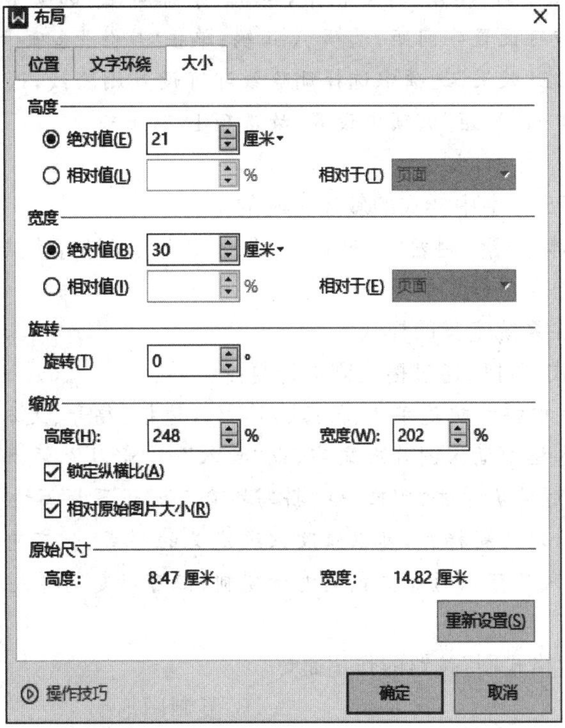

图 2-28 “布局”对话框

习题及分析

一、单项选择题

1. 关于 WPS 文字中的文本框，下列说法（　　）是不正确的。

A. 文本框可以做出冲蚀效果　　B. 文本框可以做出三维效果

C. 文本框只能存放文本，不能放置图片　　D. 文本框可以设置底纹

分析：选中文本框，依次单击“绘图工具”→“填充”→“图片或纹理”→“本地图片”，选择填充图片并打开，在右侧属性任务窗格“填充与轮廓”选项卡中选择合适的透明度即可做出冲蚀效果，故选项 A 正确；依次单击“绘图工具”→“形状效果”→“三维旋转”，选择三维效果即可，选项 B 正确；也可以依次单击“插入”→“图片”，选择图片并打开，即可放置图片，实现图文混排，选项 C 不正确；依次单击“绘图工具”→“填充”，选择填充颜色即可设置底纹，选项 D 正确。

【答案：C】

2. 在 WPS 文字的“字体”对话框中，不可设定文字的（　　）。

A. 字间距　　B. 字号

C. 删除线　　D. 行距

分析：在 WPS 文字的“字体”对话框中，单击“字符间距”选项卡中的“间距”选项，选择标准、加宽、紧缩即可设置字间距，选项 A 正确；单击“字体”选项卡中的“字号”选项，可以设定文字的字号，在“效果”选项中选择删除线即可设置删除线，选项 B、C 正确；“行距”是在“段落”对话框中的“间距”选项中设置，故选项 D 不正确。

【答案：D】

3. 下列关于 WPS 文字中样式的叙述正确的是（　　）。

A. 样式就是字体、段落、制表位、图文框、语言、边框、编号等格式的集合

B. 用户不可以自定义样式

C. 用户可以删除系统定义的样式

D. 已使用的样式不可以通过格式刷进行复制

分析：WPS 文字中样式就是字体、段落、制表位、边框、编号、文本效果等格式的集合；图文框是通过在文本框中插入图片或文字，或“插入”→“形状”，添加文字，插入图片来实现的；语言设置可通过依次单击“审阅”→“拼写检查”→“设置拼写检查语言”来实现，选项 A 不正确。用户可以定义新样式，可以修改系统定义的样式，但不可以删除，故选项 B、C 不正确；已使用的样式不可以通过格式刷进行复制，但可以复制样式所包含的格式。

【答案：D】

4. WPS 文字中“格式刷”按钮的作用是（　　）。

A. 复制文本　　B. 复制图形

C. 复制文本和格式　　D. 复制格式

分析：WPS 文字中“格式刷”按钮的作用不是复制文本、图形本身，故选项 A、B、C 不正确，而是进行文本格式、段落格式的复制，选项 D 正确。

【答案:D】

5. 关于 WPS 文字的快速访问工具栏,下面说法正确的是(　　)。

A. 不包括文档建立　　B. 不包括打印预览

C. 不包括自动滚动　　D. 不能设置字体

分析:快速访问工具栏包括:新建、打开、保存、输出为 PDF、打印、打印预览、撤销、恢复等,还可以自定义添加字体、字号、颜色等工具按钮,故选项 A、B、D 不正确;WPS 没有自动滚动功能,只有多窗口同步滚动功能,故选择 C。

【答案:C】

6. 在 WPS 文字中查找和替换正文时,若操作错误则(　　)。

A. 可用"撤销"来恢复　　B. 必须手工恢复

C. 无可挽回　　D. 有时可恢复,有时就无可挽回

分析:在 WPS 文字中操作错误时可以通过"撤销"来恢复,可以挽回,故选项 A 正确,B、C、D 不正确。

【答案:A】

7. 在 WPS 文字中,(　　)用于控制文档在屏幕上的显示大小。

A. 全屏显示　　B. 显示比例　　C. 缩放显示　　D. 页面显示

分析:在"全屏显示"视图中,可以显示文字的格式和分页符等,它只保留了标题栏,简化了页面的布局,适用于快速浏览文档及简单排版等,能显示更多内容但不能控制文档显示大小,故选项 A 不正确;在 WPS 文字的"字体"对话框中,单击"字符间距"选项卡中的"缩放"选项,设置缩放比例即可改变选中字符水平方向显示大小,但不是控制整个文档显示大小,选项 C 不正确;页面显示即"页面视图",所见到的页面对象分布效果就是打印出来的效果,基本能做到"所见即所得",但也不能控制文档显示大小,故选项 D 不正确;而"显示比例"能控制整个文档在屏幕上显示的大小,选项 B 正确。

【答案:B】

8. 在 WPS 文字中,如果插入的表格其内、外框线是虚线,要想将框线变成实线,在(　　)中实现(假设光标在表格中)。

A. "表格工具"选项卡的"显示虚框"

B. "表格样式"选项卡的"边框和底纹"

C. "表格工具"选项卡的"选择表格"

D. "开始"选项卡的"制表位"

分析:显示或隐藏文档中未设置边框线的表格虚框,不是把虚线改变成实线,选项 A 不正确;"表格样式"的"边框和底纹"可以设置内、外框线的虚实,故选项 B 正确;"表格工具"选项卡的"选择表格"可以选中整个表格,但无法改变外框线的虚实,选项 C 不正确;制表位是段落文字的对齐方式,与表格边框线无关,选项 D 不正确。

【答案:B】

9. 关于 WPS 文字保存文档的描述不正确的是(　　)。

A. 快速访问工具栏中的"保存"按钮与"文件"选项卡中的"保存"命令选项具有同等功能

B. 保存一个新文档，快速访问工具栏中的“保存”按钮与“文件”选项卡中的“另存为”命令选项具有同等功能

C. 保存一个新文档，“文件”选项卡中的“保存”命令选项与“文件”选项卡中的“另存为”命令选项具有同等功能

D. “文件”选项卡中的“保存”命令选项与“文件”选项卡中的“另存为”命令选项具有同等功能

分析：无论何种情况下，快速访问工具栏中的“保存”按钮与“文件”选项卡中的“保存”命令选项具有同等功能，选项 A 正确；WPS 文字在保存新文档时，快速访问工具栏中的“保存”按钮、“文件”选项卡中的“保存”命令选项与“文件”选项卡中的“另存为”命令选项三者具有同等功能，故选项 B、C 正确；如果不是新文档，“文件”选项卡中的“保存”命令选项与“文件”选项卡中的“另存为”命令选项功能是不同的，“保存”命令选项以原名、原位置、原类型保存，无须进行对话框设置，“另存为”命令选项则通过对话框，修改保存位置、文件名或文件类型，选项 D 不正确。

【答案：D】

10. 在 WPS 文字中的(　　)方式下，可以显示页眉和页脚。

A. 阅读版式视图　　B. Web 版式视图

C. 大纲视图　　D. 页面视图

分析：阅读版式视图是为了方便阅读浏览文档而设计的视图模式，最适合阅读长篇文章。此模式默认仅保留了方便在文档中跳转的导航窗格，将其他诸如开始、插入、页面布局、审阅等文档编辑工具进行了隐藏，选项 A 不正确。

在 Web 版式视图中，文档显示效果和 Web 浏览网页的显示效果相同，对文档不进行分页处理，不能查看页眉、页脚等，显示的效果不是实际打印的效果，选项 B 不正确。

大纲视图能显示文档的层次结构，它将所有的章节标题或文字都转换成不同级别的大纲标题进行显示。大纲视图中的缩进和符号并不影响文档在页面视图中的外观，而且也不会打印出来，不显示页边距、页眉和页脚、图片和背景。在查看、重新调整文档结构时使用，可以轻松地合并多个文档或拆分一个大型文档，选项 C 不正确。

在页面视图中，能同时显示水平标尺和垂直标尺，从页面设置到文字录入、图形绘制，从页眉、页脚设置到生成自动化目录都建议在编辑文档时使用，也是我们使用最多的视图，选项 D 正确。

【答案：D】

补充练习

一、单项选择题

(一) WPS 文字概述、主窗口和文本选择等

1. 单击 WPS 文字主窗口标题栏右边显示的“最小化”按钮后，(　　)。

A. WPS 文字程序被关闭

B. WPS 文字的窗口变成任务栏上的一个按钮

C. WPS 文字的窗口未关闭,“最小化”按钮变成“关闭”按钮

D. 被打开的文档窗口未关闭

2. 在 WPS 文字中,要打开已有文档,在快速访问工具栏中应单击(　　)按钮。

A. 打开　　B. 保存

C. 新建　　D. 打印

3. 在 WPS 文字中,要选定一个英文单词,可以用鼠标在单词的任意位置(　　)。

A. 双击　　B. 单击

C. 右击　　D. 按住 Ctrl 键的同时单击

4. 在 WPS 文字中,移动插入点到文件末尾的快捷键是(　　)。

A. Ctrl+PageDown　　B. Ctrl+PageUp

C. Ctrl+Home　　D. Ctrl+End

5. 要在 WPS 文字的文档编辑区中选取若干个连续字符进行处理,正确的操作是(　　)。

A. 在此段文字的第一个字符处按下鼠标左键,拖动至要选择的最后字符处松开鼠标左键

B. 在此段文字的第一个字符处单击鼠标左键,再移动光标至要选取的最后字符处单击鼠标左键

C. 在此段文字的第一个字符处按 Home 键,再移动光标至要选取的最后字符处按 End 键

D. 在此段文字的第一个字符处按下鼠标左键,再移动光标至要选取的最后字符处,按住 Ctrl 键的同时单击鼠标左键

6. 在 WPS 文字文档编辑区,要将一段已被选定的文字复制到同一文档的其他位置上,正确的操作是(　　)。

A. 将鼠标光标放到该段文字上单击,再拖到目标位置上单击

B. 将鼠标光标放到该段文字上单击,再拖到目标位置上按 Ctrl 键并单击鼠标左键

C. 将鼠标光标放到该段文字上,按住 Ctrl 键的同时按下鼠标左键,拖动到目标位置上并松开鼠标和 Ctrl 键

D. 将鼠标光标放到该段文字上,按下鼠标左键,拖动到目标位置上并松开鼠标

7. 在 WPS 文字主窗口中,用户(　　)。

A. 只能在一个窗口中编辑一个文档

B. 能够打开多个窗口,但只能编辑同一个文档

C. 能够打开多个窗口并编辑多个文档,但不能有两个窗口编辑同一个文档

D. 能够打开多个窗口并编辑多个文档,可多个窗口编辑同一个文档

8. WPS 文字中默认将汉字从小到大分为 16 级,最大的字号为(　　)。

A. 小初号　　B. 初号

C. 八号　　D. 四号

9. 在 WPS 文字窗口中，如果双击某行文字左端的空白处（鼠标指针将变为空心箭头状），可选择（　　）。

A. 一行　　B. 多行

C. 一段　　D. 一页

10. 不选择文本，设置 WPS 文字字体，则所做的设置（　　）。

A. 不对任何文本起作用　　B. 对全部文本起作用

C. 对当前文本起作用　　D. 对插入点后新输入的文本起作用

11. 在 WPS 文字文档中，选择“文件”选项卡下的“另存为”命令，可以将当前打开的文档另存为的文档类型是（　　）。

A. . txt　　B. . pptx

C. . xlsx　　D. . bat

（二）“文件”选项卡

12. 在 WPS 文字中，对于已执行过存盘命令的文档，为了防止突然断电丢失新输入的文档内容，应经常执行（　　）命令。

A. 保存　　B. 另存为

C. 关闭　　D. 退出

13. 在 WPS 文字中，对于打开的文档，如果要另外保存，须选择（　　）命令。

A. 复制　　B. 保存

C. 剪切　　D. 另存为

14. 在 WPS 文字中，对于正在编辑的文档，选择（　　）命令，输入文件名后，仍可继续编辑此文档。

A. “退出”　　B. “关闭”

C. “文件”→“另存为”　　D. “撤销”

15. 在 WPS 文字中，对于新建的文档，执行“保存”命令并输入文档名（如“我的家乡”）后，标题栏显示（　　）。

A. 我的家乡　　B. 我的家乡. docx

C. 文字文稿 1　　D. . docx

16. 在 WPS 文字的编辑状态下，打开文档“ABC. docx”，修改后另存为“ABD. docx”，则文档“ABC. docx”（　　）。

A. 被文档 ABD. docx 覆盖　　B. 被修改但未关闭

C. 未修改并被关闭　　D. 被修改并关闭

17. 处于 WPS 文字的文档打印预览状态时，若要打印文档，则（　　）。

A. 必须退出预览状态后才可以打印　　B. 在打印预览状态下可以直接打印

C. 在打印预览状态下不能打印　　D. 只能在打印预览状态打印

18. 在 WPS 文字中，对于新建的文档且经过编辑后，选择“关闭”（“保存”）命令时，将打开（　　）对话框。

A. 另存文件　　B. 打开

C. 新建　　D. 页面设置

19. 使用 WPS 文字编辑一个纯文本文档时，需要保存的扩展名是(　　)。

A. . docx　　B. . txt

C. . wps　　D. . bmp

20. 在 WPS 文字中，不打印却想要查看打印的文件是否符合要求，可以单击(　　)。

A. “打印预览”按钮　　B. “文件”按钮

C. “新建”按钮　　D. “文件名”按钮

21. 在打印 WPS 文字的文档时，不能设置的打印参数是(　　)。

A. 打印份数　　B. 打印范围

C. 选择打印机　　D. 页码位置

22. 在 WPS 文字中，要打印一篇文档的第 1,3,5,6,7 和 20 页，需在“打印”对话框的页码范围文本框中输入(　　)。

A. 1-3,5-7,20　　B. 1-3,5,6,7-20

C. 1,3-5,6-7,20　　D. 1,3,5-7,20

23. 在 WPS 文字中，打印页码 3-5,10,12 表示打印的页码是(　　)。

A. 3，4，5，10，12　　B. 5，5，5，10,12

C. 3，3，3，10，12　　D. 10，10，10，12，12，12，12，12

(三)“开始”选项卡

24. 在 WPS 文字中，文档编辑状态下，为选定的文本设置行间距，可选择的操作是(　　)。

A. “开始”选项卡→“段落”选项组→“段落”对话框

B. “开始”选项卡→“字体”选项组→“段落”对话框

C. “页面布局”选项卡→“段落”选项组→“段落”对话框

D. “视图”选项卡→“段落”选项组→“段落”对话框

25. 在 WPS 文字中，段落形成于(　　)。

A. 按 Enter 键后

B. 按“Shift＋Enter”快捷键后

C. 有空行作为分隔

D. 输入字符达到一定行宽就自动转入下一行

26. 在 WPS 文字中，在“字体”选项组中有“字体”“字号”下拉列表框，当选取一段文字后，这两项分别显示“仿宋体”“四号”，这说明(　　)。

A. 被选取的文字的当前格式为四号、仿宋体

B. 被选取的文字将被设定的格式为四号、仿宋体

C. 被编辑文档的总体格式为四号、仿宋体

D. 将中文版 Word 中默认的格式设定为四号、仿宋体

27. 在 WPS 文字的“查找和替换”对话框内指定“查找内容”，但在“替换为”编辑区内未输入任何内容，此时单击“全部替换”按钮，则执行结果是(　　)。

A. 能执行，显示空格

B. 只做查找，不做任何替换

C. 将所有查找到的内容全部删除

D. 每查找到一个匹配项将询问用户，让用户指定替换内容

28. 在 WPS 文字中，可利用(   )选项卡中的“查找”命令查找指定内容。

A. 开始　　B. 插入

C. 页面布局　　D. 视图

29. 在 WPS 文字中，在“查找和替换”对话框中，单击(   )选项卡后才能执行替换操作。

A. 替换　　B. 查找

C. 定位　　D. 常规

30. 在 WPS 文字中，如果要将文档中的字符串“男生”替换为“女生”，应在(   )文本框中输入“女生”。

A. 查找内容　　B. 替换为

C. 搜索范围　　D. 同音

31. 在 WPS 文字中，在查找和替换过程中，如果只替换文档的部分字符串，应先单击(   )按钮。

A. 查找下一处　　B. 替换

C. 常规　　D. 格式

32. 在 WPS 文字中，单击“查找下一处”按钮，找到目标后，单击(   )按钮，可替换成新的内容。

A. 常规　　B. 查找下一处

C. 取消　　D. 替换

33. 在 WPS 文字中，如果要对查找到的字符串进行修改，且不关闭“查找和替换”对话框，应(   )，再进行修改。

A. 按 Enter 键　　B. 不移动插入点

C. 先将插入点置于文档中找到的字符串位置　　D. 按 Esc 键

34. 在 WPS 文字中，将字符串“Word”替换为“word”，需要在“查找和替换”对话框中勾选(   )复选框才能实现。

A. 区分大小写　　B. 区分全半角

C. 全字匹配　　D. 模式匹配

35. 在 WPS 文字中，查找和替换功能非常强大，下面的叙述中正确的是(   )。

A. 不可以指定查找文字的格式，只可以指定替换文字的格式

B. 可以指定查找文字的格式，但不可以指定替换文字的格式

C. 不可以按指定文字的格式进行查找及替换

D. 可以按指定文字的格式进行查找及替换

36. 在 WPS 文字中，采用带有“通配符”查找时，应勾选“(   )”复选框。

A. 使用通配符和区分全/半角　　B. 使用通配符

C. 区分全/半角　　D. 区分大小写

37. 在 WPS 文字中，对已输入内容的文档进行排版，若未进行选择而设置行间距，则(　　)。

A. 只影响插入点所在行　　B. 只影响插入点所在段落

C. 只影响当前页　　D. 影响整个文档

38. 在 WPS 文字中，当插入点位于文本框中时，(　　)的内容进行查找。

A. 既可对文本框又可对文档中　　B. 只能对文档中

C. 只能对文本框中　　D. 不能对任何部分

39. 在 WPS 文字中，双击"格式刷"按钮可将一种格式从一个区域一次复制到(　　)区域。

A. 三个　　B. 多个

C. 一个　　D. 两个

40. 在 WPS 文字中，如果在文档各段前面加编号，可以采用命令进行设置，此命令所在的选项卡为"(　　)"。

A. 编辑　　B. 插入

C. 开始　　D. 工具

41. 在 WPS 文字中，如果在输入字符后，单击"撤销"按钮，将(　　)。

A. 删除输入的字符　　B. 复制输入的字符

C. 复制字符到任意位置　　D. 恢复字符

42. 在 WPS 文字中，如果在删除输入的字符后，单击"撤销"按钮，将(　　)。

A. 在原位置恢复输入的字符　　B. 删除字符

C. 在任意位置恢复输入的字符　　D. 把字符存放到剪贴板中

43. 在 WPS 文字中，要修改已输入文本的字号，在选择文本后，单击(　　)按钮可选择字号。

A. 加粗　　B. 新建

C. "字号"下拉　　D. "字体"下拉

44. 在 WPS 文字中，如果未选择文本，单击"字体颜色"下拉按钮，选择颜色后，为(　　)设置颜色。

A. 所有已输入的文本　　B. 当前插入点所在的段落

C. 整篇文档　　D. 后面将要输入的字符

45. 在 WPS 文字中，如果要改变某段文本的颜色，应(　　)，再选择颜色。

A. 先选择该段文本　　B. 将插入点置于该段文本中

C. 不选择文本　　D. 选择任意文本

46. 在 WPS 文字中，如果要将一行标题居中显示，将插入点移到该标题行，单击(　　)按钮。

A. 居中　　B. 减少缩进量

C. 增加缩进量　　D. 分散对齐

47. 在 WPS 文字中，如果要在每一个段落的前面自动添加编号，应启用(　　)按钮。

A. 格式刷　　B. 项目符号

C. 编号　　　　　　　　　　　　　　　D. 字号

48. 在 WPS 文字中，将某一段文本的格式复制给另一段文本：先选择源文本，单击(　　)按钮后才能进行格式复制。

A. 格式刷　　　　　　　　　　　　　　B. 复制

C. 重复　　　　　　　　　　　　　　　D. 保存

(四)“插入”选项卡

49. 在 WPS 文字的编辑状态下，若要输入希腊字母 Ω，则需要使用(　　)选项卡。

A. 开始　　　　　　　　　　　　　　　B. 插入

C. 页面布局　　　　　　　　　　　　　D. 对象

50. 在 WPS 文字的编辑状态下，对图片不可以进行的操作是(　　)。

A. 裁剪　　　　　　　　　　　　　　　B. 移动

C. 分栏　　　　　　　　　　　　　　　D. 改变大小

51. 在 WPS 文字的编辑状态下，与普通文本的选择不同，单击艺术字时，选中的是(　　)。

A. 艺术字整体　　　　　　　　　　　　B. 一行艺术字

C. 部分艺术字　　　　　　　　　　　　D. 文档中插入的所有艺术字

52. 在 WPS 文字的编辑状态下，在未选中艺术字时，可以对艺术字进行的操作是(　　)。

A. 插入艺术字　　　　　　　　　　　　B. 编辑文字

C. 修改艺术字库　　　　　　　　　　　D. 修改艺术字形状

53. 在 WPS 文字的编辑状态下，编辑艺术字时，应先切换到(　　)视图选中艺术字。

A. 大纲　　　　　　　　　　　　　　　B. 页面

C. 打印预览　　　　　　　　　　　　　D. 阅读版式

54. 在 WPS 文字中，可以在文档的每页或一页上打印一个图形作为页面背景，这种特殊的文本效果被称为(　　)。

A. 图形　　　　　　　　　　　　　　　B. 艺术字

C. 插入艺术字　　　　　　　　　　　　D. 水印

55. 在 WPS 文字中，下列方式中可以显示页眉和页脚的是(　　)。

A. Web 版式　　　　　　　　　　　　　B. 阅读版式

C. 大纲　　　　　　　　　　　　　　　D. 全屏显示

56. 在 WPS 文字中输入页眉、页脚内容的选项所在的选项卡是(　　)。

A. 文件　　　　　　　　　　　　　　　B. 插入

C. 视图　　　　　　　　　　　　　　　D. 格式

57. 在 WPS 文字的编辑状态下，选中文本框后，将鼠标指向(　　)，单击鼠标右键，在快捷菜单中选择“设置文本框格式”命令。

A. 文本框的任意位置　　　　　　　　　B. 文本框外边

C. 文本框的边界位置　　　　　　　　　D. 文本框内部

58. 在 WPS 文字编辑状态下，给当前打开的文档加上页码，应使用的选项卡是(　　)。

A. 编辑　　B. 插入

C. 格式　　D. 开发工具

59. 在 WPS 文字中，要取消利用“边框”按钮为一段文本所添加的文本框，(　　)，再单击字符边框按钮。

A. 先选定已加边框的文本　　B. 不选定文本

C. 插入点置于任意位置　　D. 选定整篇文档

60. 在 WPS 文字中，在单击文本框后，按(　　)键可以删除文本框。

A. Enter　　B. Alt

C. Delete　　D. Shift

61. 在 WPS 文字中，如果要删除文本框中的部分字符，插入点应置于(　　)位置。

A. 文档中的任意　　B. 文本框中需要删除的字符

C. 文本框中的任意　　D. 文本框的开始

62. 在 WPS 文字中，将整篇文档的内容全部选中，可以使用的快捷键是(　　)。

A. Ctrl＋X　　B. Ctrl＋C

C. Ctrl＋V　　D. Ctrl＋A

63. 在 WPS 文字中，在打印文档时每一页都有页码，最佳实现方法是(　　)。

A. 由文档根据纸张大小进行分页时自动加页码

B. 执行“插入”选项卡→“页码”项加以指定

C. 应由用户执行菜单“文件”→“页面设置”项加以指定

D. 应由用户在每一页的文字中自行输入

64. 在 WPS 文字中，可以在正文的表格中填入的信息(　　)。

A. 只限于文字形式　　B. 只限于数字形式

C. 可以是文字、数字和图形对象等　　D. 只限于文字和数字形式

65. 用 WPS 文字制作表格时，下列叙述不正确的是(　　)。

A. 将光标移到所需行中任一单元格内的最左侧，单击鼠标左键即可选定该行

B. 将光标移到所需列的上端，光标变成垂直向下的箭头后，单击鼠标左键即可选定该列

C. 将光标移到所需行最左边的单元格，拖动到最右边的单元格时选定该行

D. 要选定连续的多个单元格，可用鼠标连续拖动经过若干单元格

66. 在 WPS 文字编辑状态中，当前文档有一个表格，选定表格中的某列，单击“表格工具”选项卡中“删除”→“行”命令后，(　　)。

A. 所选定的列的内容被删除，该列变为空列

B. 表格的全部内容被删除，表格变为空表

C. 所选定的列被删除，该列右边的单元格向左移

D. 表格全部被删除

67. 对 WPS 文字的表格功能说法正确的是(　　)。

A. 表格一旦建立,行和列不能随意增和删

B. 对表格中的数据不能进行运算

C. 表格单元中不能插入图形文件

D. 可以拆分单元格

68. 在 WPS 文字编辑表格状态下,若光标位于表格外侧右侧的行尾处,按 Enter 键,结果为(　　)。

A. 光标移到下一行,表格行数不不变

B. 光标移动下一行

C. 在本单元格内换行,表格行数不变

D. 光标移到一下行,表格行数增加一行

69. 在 WPS 文字编辑表格状态下,若想将表格中连续三列的列宽调整为 1 厘米,应该先选中这三列,然后单击(　　)。

A. "表格工具"→"自动调整"→"平均分布各列"

B. "表格工具"→"宽度"

C. "表格工具"→"自动调整"→"宽度"

D. "插入"→"宽度"

70. 在 WPS 文字中,表格拆分指的是(　　)。

A. 从某两行之间把原来的表格分为上、下两个表格

B. 从某两列之间把原来的表格分为左、右两个表格

C. 从表格的正中间把原来的表格分为两个表格,方向由用户指定

D. 在表格中由用户任意指定一个区域,将其单独分成另一个表格

71. 在 WPS 文字中,将文字转换为表格时,可以使用(　　)作为文字分隔位置。

A. 逗号　　B. 空格

C. 制表符　　D. 以上都可以

72. 在 WPS 文字中,表格和文本是互相转换的,有关此操作正确的说法是(　　)。

A. 文本只能转换成表格　　B. 表格只能转换成文本

C. 文本与表格可以相互转换　　D. 文本与表格不能相互转换

73. 在 WPS 文字中,若要对表格的一行数据合计,正确的公式是(　　)。

A. sum(above)　　B. average(left)

C. sum(left)　　D. average(above)

74. 在 WPS 文字中,选择"(　　)"选项卡→"对象"命令,在随后出现的"对象"对话框的"对象类型"列表框中选择"WPS 公式 3.0"项,进入"公式"编辑环境。

A. 编辑　　B. 插入

C. 格式　　D. 工具

75. 在 WPS 文字编辑状态下,绘制一个图形,首先应该选择(　　)。

A. "插入"→"图片"按钮　　B. "开始"→"新样式"按钮

C. "插入"→"形状"按钮　　D. "插入"→"文本框"按钮

76. 在 WPS 文字中，如果在有文字的区域绘制图形，则在文字与图形的重叠部分(　　)。

A. 文字不可能被覆盖　　B. 文字小部分被覆盖

C. 文字被覆盖　　D. 文字部分大部分被覆盖

77. 在 WPS 文字中，实现首字下沉的操作，应选择的操作为(　　)。

A. "开始"→"首字下沉"　　B. "页面布局"→"首字下沉"

C. "插入"→"首字下沉"　　D. "视图"→"首字下沉"

(五)"页面布局"选项卡

78. 在 WPS 文字中进行页面设置时，应首先执行的操作是(　　)。

A. 在文档中选取一定的内容作为设置对象

B. 选取"页面布局"选项卡→"页面设置"

C. 选取"开始"选项卡→"字体"

D. 选取"引用"选项卡

79. 在 WPS 文字中，若要使纸张横向打印，在"页面设置"对话框中应选择的选项卡是(　　)。

A. "页边距"　　B. "纸张"

C. "版式"　　D. "文档网格"

80. 在 WPS 文字中，边界"左缩进""右缩进"是指段落的左、右边界(　　)。

A. 以纸张边缘为基准向内缩进

B. 以"页边距"的位置为基准向内缩进

C. 以"页边距"的位置为基准，都向左移动或向右移动

D. 以纸张的中心位置为基准，分别向左、向右移动

81. 在 WPS 文字中，如果规定某一段的第一行左端起始位置在该段其余各行的右侧，称此为(　　)。

A. 左缩进　　B. 右缩进

C. 首行缩进　　D. 首行悬挂缩进

82. 在 WPS 文字中，为当前文档添加"水印"应通过(　　)选项卡来实现。

A. 插入　　B. 页面布局

C. 开始　　D. 视图

83. 在 WPS 文字中，段落对齐方式中的"两端对齐"是指(　　)。

A. 左、右两端都要对齐，字符少的将加大间距，把字符分散开以便两端对齐

B. 左、右两端都要对齐，字符少的将左对齐

C. 或者左对齐，或者右对齐，统一即可

D. 在段落的第一行右对齐，末行左对齐

84. 在 WPS 文字中，如果文档某一段与其前后两段之间有较大的间隔，一般应(　　)。

A. 在两行之间按 Enter 键添加空行

B. 在两段之间按 Enter 键添加空行

C. 用段落格式的设定来增加段间距

D. 用字符格式的设定来增加字符间距

85. 在 WPS 文字中，要将一个段落末尾的“回车符”删除，使此段落与其后的段落合为一段，则原来的文字内容将(　　)。

A. 采用原来设定的格式　　B. 默认的格式

C. 采用原来后段的格式　　D. 无格式，必须重新设定

86. 在 WPS 文字中，下述关于分栏操作的说法，正确的是(　　)。

A. 栏与栏之间不可以设置分隔线

B. 任何视图下均可看到分栏效果

C. 设置各栏的宽度和间距与页面宽度无关

D. 可以将指定的段落分成指定宽度的两栏

(六)“引用”选项卡

87. 在 WPS 文字中，若想自动生成目录，一般在文档中应包含(　　)段落格式。

A. 对齐　　B. 大纲级别

C. 缩进　　D. 项目编号

88. 在 WPS 文字中，若想对文档自动生成目录，通过(　　)选项卡来实现。

A. 插入　　B. 引用

C. 页面布局　　D. 视图

89. 在 WPS 文字中，为当前文档插入脚注、尾注，需要通过(　　)选项卡来实现。

A. 插入　　B. 引用

C. 页面布局　　D. 开始

(七)“视图”选项卡

90. 在 WPS 文字中，对文本框的内容执行“查找”命令时，应切换到(　　)视图。

A. 全屏显示　　B. 页面或 Web 版式

C. 打印预览　　D. 以上都不对

91. 在 WPS 文字中，向右拖动标尺上的(　　)缩进标志，插入点所在的整个段落将向右移动。

A. 左　　B. 右

C. 首行　　D. 悬挂

92. 在 WPS 文字中，向左拖动标尺上的右缩进标志，(　　)向左移动。

A. 插入点所在段落除第一行以外的全部　　B. 插入点所在的段落

C. 插入点所在段落的第一行　　D. 整篇文档

93. 在 WPS 文字中，欲选中文本中不连续的两个文字区域，应在拖动鼠标前，按住(　　)键不放。

A. Ctrl　　B. Alt

C. Shift　　D. 空格

94. 在 WPS 文字中，在水平标尺上(　　)，可在标尺相应位置设置特殊制表符。

A. 双击鼠标右键　　B. 单击鼠标左键

C. 双击鼠标左键　　D. 拖动鼠标

95. 在 WPS 文字中,如果设置完一种对齐方式后,要在下一个特殊制表符的对应列输入文本,应按(　　)键。

A. 空格　　B. Tab

C. Enter　　D. Ctrl+Tab

96. 在 WPS 文字中,将鼠标指向(　　),双击鼠标左键打开“制表位”对话框。

A. 水平标尺上设置的特殊制表符　　B. 水平标尺的任意位置

C. 垂直滚动条　　D. 垂直标尺

97. 在 WPS 文字中,在插入脚注、尾注时,不使当前视图为(　　)。

A. Web 版式　　B. 页面视图

C. 大纲视图　　D. 全屏视图

98. 在 WPS 文字中,(　　)视图方式可以使得显示效果与打印预览基本相同。

A. 阅读版式　　B. 大纲

C. Web 版式　　D. 页面

99. 在 WPS 文字中,各级标题层次分明的是(　　)。

A. 全屏视图　　B. Web 版式视图

C. 页面视图　　D. 大纲视图

100. 在 WPS 文字中,能将所有的标题分级显示出来,但不显示图形对象视图的是(　　)。

A. 页面视图　　B. 大纲视图

C. Web 版式视图　　D. 普通视图

(八)综合应用

101. 在 WPS 文字中,下列说法中错误的是(　　)。

A. 用户可以根据文档的保密程度对文档设置“打开权限”或“修改权限”密码

B. 用户可以将文档设置为“只读”属性

C. “打开权限”和“修改权限”密码设定后,无法更改

D. 设置了“修改权限”密码后,如果输入的“修改密码”不正确,将以“只读”形式打开

102. 在 WPS 文字中,对于已设置了修改权限密码的文档,如果不输入密码,该文档(　　)。

A. 将不能打开

B. 能打开且修改后能保存为其他文档

C. 能打开但不能修改

D. 能打开且能修改

103. 在 WPS 文字中,对于只设置了打开权限密码的文档,输入密码验证后,可以打开文档(　　)。

A. 但不能修改

B. 修改后既可以保存为其他文档,又可以保存为原文档

C. 可以修改但必须保存为其他文档

D. 可以修改但不能保存为其他文档

104. 在 WPS 文字中"页面设置"默认的纸张大小规格是(　　)。

A. 16K　　B. B4

C. A3　　D. A4

105. 在 WPS 文字中,可以把预先定义好的多种格式的集合全部应用在选定的文字上的特殊文档称为(　　)。

A. 母版　　B. 项目符号

C. 样式　　D. 格式

106. 在 WPS 文字中,以下关于多个图形对象的说法正确的是(　　)。

A. 可以进行"组合"图形对象操作,也可以进行"取消组合"操作

B. 既不可以进行"组合"图形对象操作,也不可以进行"取消组合"操作

C. 可以进行"组合"图形对象操作,但不可以进行"取消组合"操作

D. 不可以进行"组合"图形对象操作,但可以进行"取消组合"操作

107. 在 WPS 文字编辑状态中,执行"开始"选项卡中的"复制"命令后(　　)。

A. 插入点所在段落的内容被复制到剪贴板

B. 被选择的内容复制到剪贴板

C. 光标所在段落的内容被复制到剪贴板

D. 被选择的内容复制到插入点

108. 在 WPS 文字中,关于页码设置正确的描述是(　　)。

A. 整篇文档的每一页均必须有页码

B. 文档的首页可以不含页码

C. 文档中某一节内各页的页码序号可以不连续

D. 起始页码必须从"1"开始

109. 下列关于 WPS 文字中的"节"说法错误的是(　　)。

A. 整个文档可以是一个节,也可以分成几个节

B. 不同的节可以设置不同的页眉、页脚

C. 所有节必须设置单一连续的页码

D. 每一节可采用不同的格式排版

二、操作题

停止自转的地球真的能去流浪吗?

"流浪地球计划"中的第一步就是首先让地球停止转动,尽管在电影中没有直接展现这一场景,但是电影当中的旁白中有所提及,让我们先来看一下这个停止转动是否可以实现。

在直接回答这个问题之前,我们先了解一下地球的转动能量有多少,这一点我们很容易从网络上搜索到,地球的转动能是 2.24E29 焦耳,这个能量是非常巨大的。让我们做一个比较简单的对比,从而可以更加清楚地看到这个能量有多大,一个原子弹释放出来的能量差不多相当于 100 万个 TNT 当量,或者就相当于 4.2E15 焦耳,而历史上曾经试验过的释放能量最强的大伊万氢弹,释放的能量差不多是 5 000 万 TNT 当量,或者就是

2.1E17 焦耳，然而相比较地球的转动能量，还是小巫见大巫了，地球的转动能量大约相当于 1 万亿(1E12)个大伊万氢弹同时爆炸。

一旦地球停止转动，那么地球上将会发生什么样的变化呢？或许你会想着，地球不是类似于物理学中的刚体吗，难道没有了转动，就会发生很巨大的变化吗？

最直接的一个效应就是，没有了转动，目前地球上几乎所有的大陆都会被海洋所淹没，这一点的确在电影当中有所提及。原因很简单，在地球转动的时候，因为离心力，作为液态的海洋会朝赤道附近聚集，而一旦地球停止转动，这些水会向两级流动，从而造成大陆被淹没。

操作要求：

1. 将标题文字“停止自转的地球真能去流浪吗?”设为小二号字、黑体、居中对齐，标题文字填充“白色，背景 1，深色 25%”底纹，字符间距设置为加宽 8 磅。

2. 将正文第一段“‘流浪地球计划’中的第一步……”设置为首行缩进 2 个字符。

3. 为正文第二段“在直接回答这个问题……”添加段落边框，框内正文距离边框上、下、左、右各 3 磅。

4. 将正文第三段“一旦地球停止转动……”的行距设置为固定值 20 磅，段后间距为 2 行。

5. 将正文第四段“最直接的一个效应就是……”文字分两栏，栏宽相等，加分隔线。

6. 插入页眉，内容为“流浪地球”，且设置为右对齐(注意页眉中无空行)。

7. 在文档最后插入一个 3 行 3 列的表格，表格外边框设为双线型、绿色(RGB 颜色模式:红色 0，绿色 255，蓝色 0)、线宽 1.5 磅。

8. 通过网络下载一张与本文相关的图面，插入文本的最后，并设置图片的文字环绕方式为上下型，设置图片格式中线条颜色为实线、颜色为蓝色(RGB 颜色模式:红色 0，绿色 0，蓝色 255)。

模块 3
WPS 表格软件的使用

实验 1 WPS 表格基本操作

实验目的

1. 熟悉 WPS 表格的界面、工作窗口、功能区按钮的分布及功能。
2. 掌握 WPS 表格工作簿的打开、新建、保存和关闭操作。
3. 掌握对工作表进行插入、删除、重命名、复制和移动等操作。
4. 掌握在工作表中数据的录入、编辑等处理方法。

实验内容

WPS 表格是一个功能强大的电子表格软件，是 Office 办公系统软件的重要组成部分。WPS 表格具有强大的数据计算与分析功能，可以把数据用各种统计图表的形式形象地表现出来，广泛应用于统计分析、财务管理和分析、经济行政管理等各个方面，深受广大办公、统计和财务人员的青睐。

1. 启动 WPS 表格

启动 WPS 表格有以下几种方法：

(1)选择“开始”→“WPS Office ”→“WPS 表格”命令，启动 WPS 表格程序。

(2)如果需要经常启动 WPS 表格，可以在 Windows 的桌面上创建其快捷方式，只需双击其快捷方式图标即可启动 WPS 表格。

(3)打开一个 WPS 表格工作簿文件也能够启动 WPS 表格。

2. 退出 WPS 表格

当完成工作要退出 WPS 表格时，可采用以下几种方法进行操作：

(1)单击“文件”菜单中的“关闭”命令。

(2)单击 WPS 表格的标题栏右上角的“关闭”按钮。

(3)按“Alt+F4”快捷键。

在退出 WPS 表格时，如果还没有保存当前的工作簿文件，就会出现一个提示对话框，询问是否保存所做的修改。

3. WPS 表格窗口

WPS 表格窗口中包含快速访问工具栏、标题栏、“文件”菜单、其他各类选项卡及功能区、编辑栏、工作表编辑区和状态栏等。

工作簿是 WPS 表格用来计算和存储数据的文件。每个工作簿都由若干工作表组成。第一次打开文档时，出现在工作簿窗口中的工作表是第一个工作表。使用工作表可以对数据进行组织和分析。

实验步骤

1. 创建 WPS 表格工作簿

创建 WPS 表格工作簿的方法有以下几种：

(1)选择“开始”→“WPS Office ”→“WPS 表格”命令，WPS 表格会自动打开一个名为“工作簿 1”的空白工作簿。当创建工作簿时，WPS 表格将自动以工作簿 1、工作簿 2、工作簿 3……的顺序给新的工作簿命名。

(2)启动 WPS 表格，单击“文件”菜单中的“新建”命令，打开如图 3-1 所示的“新建”工作簿窗口，即可创建一个空白工作簿。

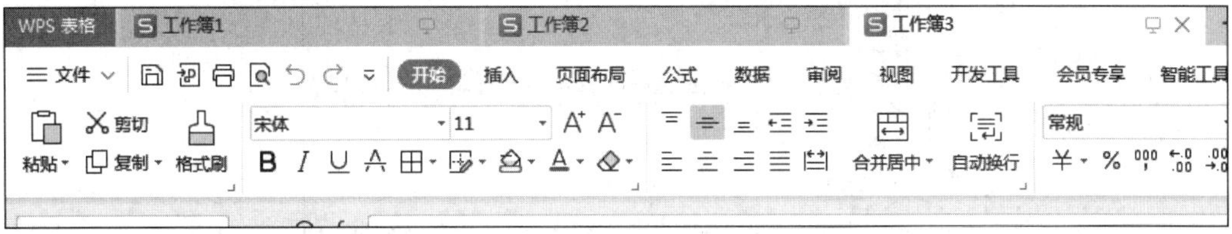

图 3-1　“新建”工作簿窗口

(3)选择工作簿文件将要保存的文件夹，右击文件夹窗口空白处，在弹出的快捷菜单中选择“新建”→“XLSX 工作表”命令，即可建立一个名为“新建 XLSX 工作表”的空白工作簿。通过文件重命名可以修改工作簿名称，然后双击工作簿图标打开工作簿进行编辑。

2. 输入数据

输入如图 3-2 所示的数据，其具体操作步骤如下：

(1)在新建工作簿窗口中，选择 Sheet1 工作表。

(2)单击 A1 单元格，输入“学号”。

(3)单击 B1 单元格，输入“姓名”。

(4)按照以上步骤依次输入“数学”“英语”“计算机”(学号及各科成绩数据暂时不输入)。

	A	B	C	D	E
1	学号	姓名	数学	英语	计算机
2	20230101	陈思宇	64	74	75
3	20230102	王嘉怡	94	82	87
4	20230103	夏安	52	86	69
5	20230104	程冰露	82	71	90
6	20230105	吴美琪	65	78	56
7	20230106	叶涵尹	80	69	72
8	20230107	陶灿	75	54	66
9	20230108	张鸿瑞	78	90	85

图 3-2　学生成绩表

3. 使用填充柄填充数据

(1)右击单元格 A2,在弹出的快捷菜单中选择“设置单元格格式”命令,弹出“单元格格式”对话框,如图 3-3 所示。在“数字”选项卡的“分类”列表框中选择“文本”选项,单击“确定”按钮。(此步骤可省略)

图 3-3　“单元格格式”对话框

(2)在单元格 A2 中输入“20230101”。

(3)将鼠标指针指向单元格 A2 的右下角,鼠标指针变成“十”字形。

(4)从单元格 A2 拖曳至单元格 A9。

(5)释放鼠标,此时单元格区域 A3～A9 自动填充了“20230102”“20230103”“20230104”“20230105”“20230106”“20230107”“20230108”。

4. 设置数据的合法性检查

为“数学”“英语”“计算机”3 列的数据指定输入数据的有效性范围为 0～100 的实数。

其操作步骤如下：

（1）选中单元格区域 C2:E9。

（2）单击"数据"选项卡"有效性"选项组，在下拉列表中选择"有效性"选项，弹出"数据有效性"对话框，如图 3-4 所示。

（3）在"数据有效性"对话框中设置有效性条件，如图 3-4 所示。

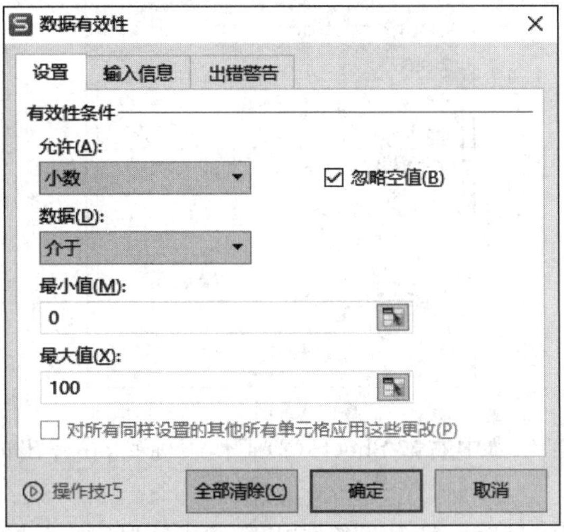

图 3-4　"数据有效性"对话框

（4）切换至"出错警告"选项卡，设置当输入无效数据时显示"成绩应在 0～100！"。

（5）最后依次输入各科成绩数据。

5. 保存工作簿

将创建的工作簿以"Ex1. xlsx"为文件名保存在学生文件夹中。

（1）单击"文件"菜单中的"另存为"选项或单击快速访问工具栏中的"保存"按钮，打开"另存为"窗口，单击"浏览"按钮，弹出"另存为"对话框。

（2）进入学生文件夹中的"Documents"子文件夹。

（3）在"文件名"文本框中输入文件名"Ex1"，在"保存类型"下拉列表中选择"Excel 工作簿"。

（4）单击"保存"按钮完成操作。

练习：①试输入同学通讯录；②试输入一张课程表。

6. 复制、移动、删除、重命名工作表

操作内容：①删除 Ex1. xlsx 的 Sheet2 和 Sheet3；②复制 Sheet1 到 Ex2. xlsx，并更名为"成绩表"；③以原文件名保存 Ex1. xlsx 和 Ex2. xlsx。其操作步骤如下：

（1）新建工作簿，保存为"Ex2. xlsx"。

（2）打开 Ex1. xlsx，右击 Sheet2 工作表标签，在弹出的快捷菜单中选择"删除"命令。

（3）右击 Sheet3 工作表标签，在弹出的快捷菜单中选择"删除"命令。

（4）右击 Sheet1 工作表标签，在弹出的快捷菜单中选择"移动或复制工作表"命令。

（5）弹出"移动或复制工作表"对话框，如图 3-5 所示。在"工作簿"下拉列表中选择"Ex2. xlsx"选项，在"下列选定工作表之前"列表框中选择"Sheet1"选项，勾选"建立副本"

复选框，单击“确定”按钮。如果取消勾选“建立副本”复选框，则 Sheet1 工作表会移动到新工作簿中，原 Ex1. xlsx 将不存在 Sheet1 工作表。

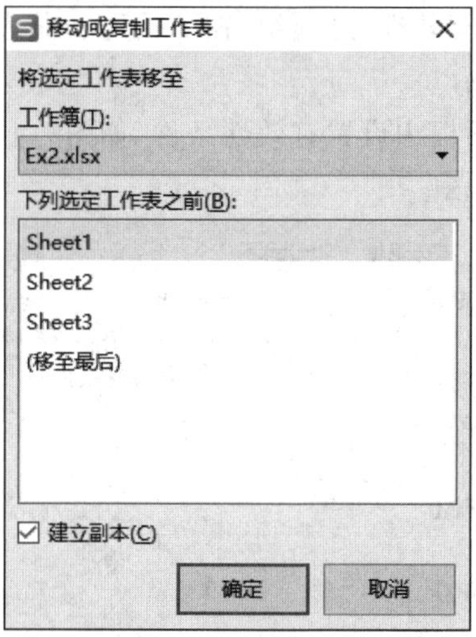

图 3-5 “移动或复制工作表”对话框

(6)在 Ex2. xlsx 工作簿中右击 Sheet1(2)工作表标签，在弹出的快捷菜单中选择“重命名”命令。

(7)Sheet1(2)将反白显示，输入新名称“成绩表”，按“Enter”键确认。

(8)将 Ex1. xlsx 和 Ex2. xlsx 工作簿以原名保存后，关闭 WPS 表格窗口。

7. 插入行和列

打开 Ex3. xlsx 工作簿，将 Sheet1 工作表重命名为“旅游报名表”，如图 3-6 所示。

A	B	C	D	E	F
序号	姓名	性别	身份证号码	联系电话	备注
	李慧	女	3213725	17671	
	程静	女	5156120	18872	
	方淑芳	女	5113720	13034	
	陈娜	女	9013762	15902	
	毛羽兰	女	1092601	16608	
	夏蓉	女	5024125	13349	
	陈凡	男	1100423	15307	
	朱诗雨	男	1236128	15717	
	应曼宁	男	1305222	18071	
	陈海敏	女	122054X	15391	
	潘琪美	女	3295520	1987	
	卢闪闪	女	3046427	199	
	孙佳宁	男	0201725	189	
	桂小芳	女	013725	1340	
	张丽琴	女	232125	1837	
	王佳倩	女	055541	1832	
	邵焰群	男	201721	1347	
	崔凌赫	女	072025	1577	
	李雅晴	女	923372X	15629	
	桂文静	女	6081027	18327	

图 3-6 “旅游报名表”工作表

在标题行上面插入两行；在“性别”列左侧插入一列，输入标题“出生年月”；在“身份证号码”列左侧插入一列，输入标题“年龄”。其操作步骤如下。

(1)选定第一行和第二行，右击，在弹出的快捷菜单中选择“在上方插入行”命令，即可插入两行。

(2)右击“性别”列，在弹出的快捷菜单中选择“在左侧插列入”命令，即可在其前面插入一整列，在单元格C1中输入“出生年月”。

(3)右击“身份证号码”列，在弹出的快捷菜单中选择“在左侧插列入”命令，插入一列，在单元格E1中输入“年龄”。

8. 设置工作表的格式

(1)合并单元格，单元格内换行

合并单元格区域A1:H1，并分两行输入标题，其操作步骤如下：

①选定单元格区域A1:H1，单击“开始”选项卡“对齐方式”选项组中的“合并居中”按钮，合并单元格区域A1:H1，并输入“旅游行程安排”。

②将光标定位在“旅游行程安排”末，按“Alt＋Enter”快捷键，另起一行，输入“(报名表)”。

(2)序列填充

用“自动填充”的方法在单元格区域A4:A23中填入序号，其操作步骤如下：

①分别在单元格A4和A5中输入“1”和“2”，然后选定这两个单元格。

②将鼠标指针放在A5单元格的右下角，鼠标指针变成“十”字形后，向下拖曳至A23单元格，则鼠标拖过的区域自动填充了序号。

(3)设置单元格格式(字体、颜色、底纹、边框、对齐)

设置标题“旅游行程安排(报名表)”字体为“宋体”，字号为18磅，加粗，深蓝色。第三行标题名称的字体为“幼圆”，字号为12磅，加粗，白色，单元格底纹深红色，居中对齐(水平、垂直都居中)。为单元格区域A1:H23添加红色粗线的外框，按行交替填充浅橙色。其操作步骤如下：

①单击标题所在的单元格A1，在“开始”选项卡“字体”选项组中的“字体”下拉列表中选择“宋体”，在“字号”下拉列表中选择“18”，单击“加粗”按钮，单击字体颜色下拉按钮，在颜色面板上选择“深蓝”。

②选定单元格区域A3:H3(标题行)，设置字体为“幼圆”，“字号”为“12”磅，加粗，颜色为“白色”。

③右击单元格区域A3:H3，在弹出的快捷菜单中选择“设置单元格格式”命令。

④弹出“单元格格式”对话框，在“图案”选项卡的“单元格底纹”颜色面板中选择“深红色”，如图3-7所示。

⑤在“对齐”选项卡中设置“水平对齐”和“垂直对齐”均为“居中”，如图3-8所示，单击“确定”按钮。

图 3-7 “图案”选项卡

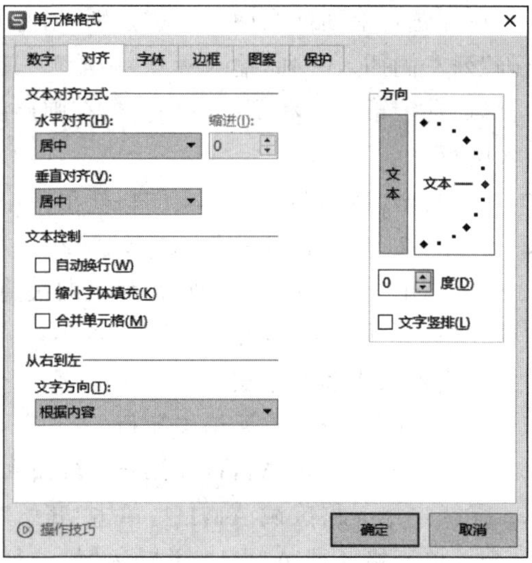

图 3-8 “对齐”选项卡

⑥选定单元格区域 A1:H23,右击,在弹出的快捷菜单中选择“设置单元格格式”命令,弹出“单元格格式”对话框。

⑦在“边框”选项卡的“样式”列表框中选择粗线条,在“颜色”下拉列表中选择“红色”,在“预置”区域选择“外边框”,单击“确定”按钮,如图 3-9 所示。

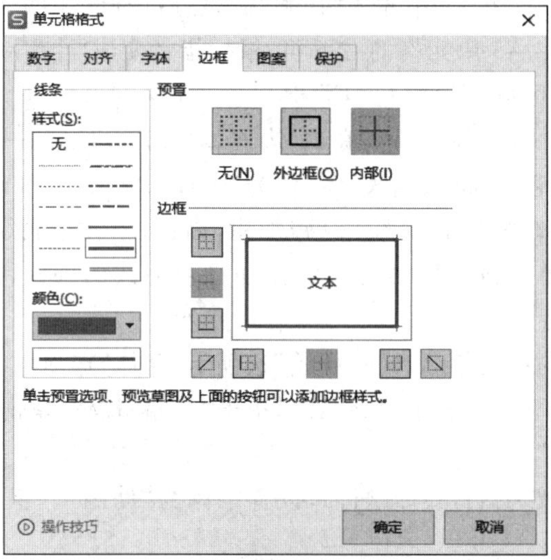

图 3-9 “边框”选项卡

⑧选定单元格区域 A4:H4,右击,在弹出的快捷菜单中选择“设置单元格格式”命令,在弹出的“单元格格式”对话框中切换至“图案”选项卡,在“单元格”颜色面板中选择“浅橙色”;再切换至“边框”选项卡,在“样式”列表框中选择细线条,在“颜色”下拉列表中选择“橙色”,单击预览草图的上边框和下边框,单击“确定”按钮。

⑨双击“开始”选项卡“剪贴板”选项组中的“格式刷”按钮,按行交替选定,效果如图 3-10 所示。再单击一次“格式刷”按钮,将格式复制功能撤销。

序号	姓名	出生年月	性别	年龄	身份证号码	联系电话	备注
1	李慧		女		[redacted]213725	[redacted]044393	
2	程静		女		[redacted]156120	[redacted]315719	
3	方淑芳		女	[redacted]	[redacted]113720	[redacted]421291	
4	陈娜		女		[redacted]013762	[redacted]723597	
5	毛羽兰		女		[redacted]092601	[redacted]557660	
6	夏蓉		女		[redacted]024125	[redacted]931728	
7	陈凡		男		[redacted]100423	[redacted]238682	
8	朱诗雨		男		[redacted]236128	[redacted]230228	
9	应曼宁		男		[redacted]305222	[redacted]057237	
10	陈海敏		女		[redacted]22054X	[redacted]539618	
11	潘琪美		女		[redacted]295520	[redacted]186855	
12	卢闪闪		女		[redacted]046427	[redacted]900183	
13	孙佳宁		男		[redacted]201725	[redacted]754807	
14	桂小芳		女		[redacted]013725	[redacted]758771	
15	张丽琴		女		[redacted]232125	[redacted]311773	
16	王佳倩		女		[redacted]055541	[redacted]755896	
17	邵焰群		男		[redacted]201721	[redacted]573741	
18	崔凌赫		女		[redacted]072025	[redacted]006661	
19	李雅晴		女		[redacted]23372X	[redacted]571719	
20	桂文静		女		[redacted]081027	[redacted]756977	

图 3-10　填充效果

（4）设置行高、列宽

设置第一行的行高为“50”，第三行的行高为“20”，利用鼠标调整列宽，其操作步骤如下：

①右击第一行的行号，在弹出的快捷菜单中选择“行高”命令，弹出“行高”对话框，在“行高”文本框中输入“50”，单击“确定”按钮。

②选定第三行的任意一个单元格，单击“开始”选项卡“单元格”选项组中的“格式”下拉按钮，在弹出的下拉列表中选择“行高”选项，弹出“行高”对话框，在“行高”文本框中输入“20”，单击“确定”按钮。

③将鼠标指针指向要调整列宽的列标分隔线上，待鼠标指针变成双向箭头形状时，拖动分隔线至适当位置。

完成所有操作后，将工作簿以原文件名保存。

9. 条件格式

将 Ex2. xlsx 工作簿的“成绩表”工作表中不及格的成绩设置为红色文本黄色填充，其操作步骤如下：

（1）打开 Ex2. xlsx 工作簿（图 3-2），在“成绩表”中选定要设置条件格式的单元格区域 C2:E9。

(2)单击“开始”选项卡“样式”选项组中的“条件格式”按钮，在其下拉列表中选择“突出显示单元格规则”→“小于”命令，弹出“小于”对话框，如图 3-11 所示。

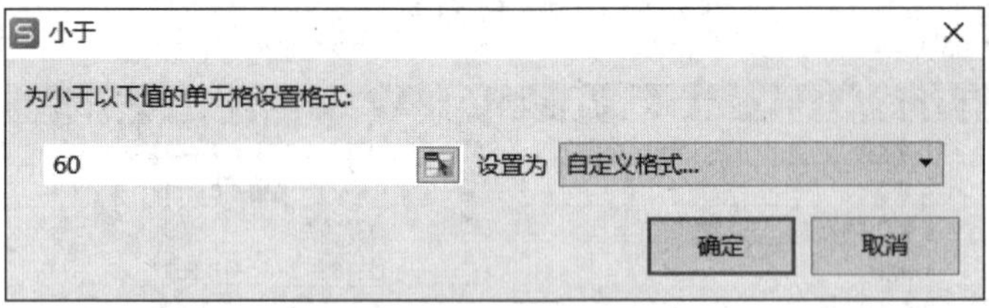

图 3-11 “小于”对话框

(3)在“为小于以下值的单元格设置格式:”文本框中输入“60”，在“设置为”下拉列表中选择“自定义格式”选项，在弹出的“单元格格式”对话框中，设置字体颜色为红色，单元格底纹为黄色。

(4)单击“确定”按钮，完成操作。

完成操作后，将工作簿以原文件名保存。

实验 2 公式与函数的使用、数据图表化及数据管理

实验目的

1. 掌握公式和函数的使用方法。
2. 掌握单元格相对地址和绝对地址的基本概念。
3. 掌握图表的创建与修饰。
4. 掌握数据清单的排序、筛选及分类汇总方法。

实验内容

WPS 表格的强大功能主要体现在计算方面。在 WPS 表格中，通过在单元格中输入公式和函数，可以对表中数据进行总计、平均及其他更为复杂的运算，从而避免用户手工计算的繁杂和错误。数据修改后公式的计算结果也自动更新，这是手工计算无法企及的。

1. 使用公式

公式以“=”开头，由常量、单元格引用、函数和运算符组成，一般在编辑栏中输入。当多个运算符同时出现在公式中时，按运算符的优先级进行运算。算术运算符优先级顺序从高到低依次为%、^、*(/)、+(-)；比较运算符优先级相同；三类运算符又以算术运算符最高，文本运算符次之，最后是比较运算符。当优先级相同时，按从左到右的顺序计算。

在公式中对单元格的引用可分为相对引用、绝对引用和混合引用。当把一个含有相对引用的公式复制或移动到其他单元格位置时，公式会根据移动的位置自动调节公式中

引用的单元格；绝对引用的单元格地址不随移动或复制目的单元格的变化而变化；混合引用可以固定行位置不变而列位置随目的位置的变化做相应变化，或者固定列位置不变而行位置随目的位置的变化而变化。

2. 使用函数

WPS表格函数是快速简便进行复杂运算的工具。函数输入有3种方法：直接输入法、使用“插入函数”对话框和利用“公式”选项卡。

3. 数据的图表化

WPS表格除了具有强大的计算功能外，还能够将数据或统计结果以各种统计图表的形式显示，使数据更形象、更直观地反映数据的变化规律和发展趋势。

选择创建图表的数据源，再选择“插入”选项卡“图表”选项组中的图表类型，即可完成插入图表的操作。当图表创建好后，在选定图表状态时，系统会自动显示“图表工具”和“文本工具”两个选项卡。其中，“图表工具”选项卡是对图表整个格局的设置，如图表布局、图表样式等，如图3-12所示；“文本工具”选项卡是对图表中对象格式的设置，如形状样式、艺术字样式等，如图3-13所示。

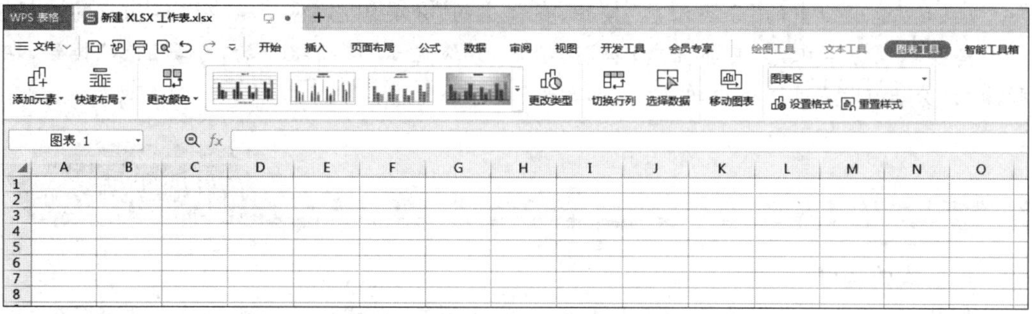

图 3-12 图表工具

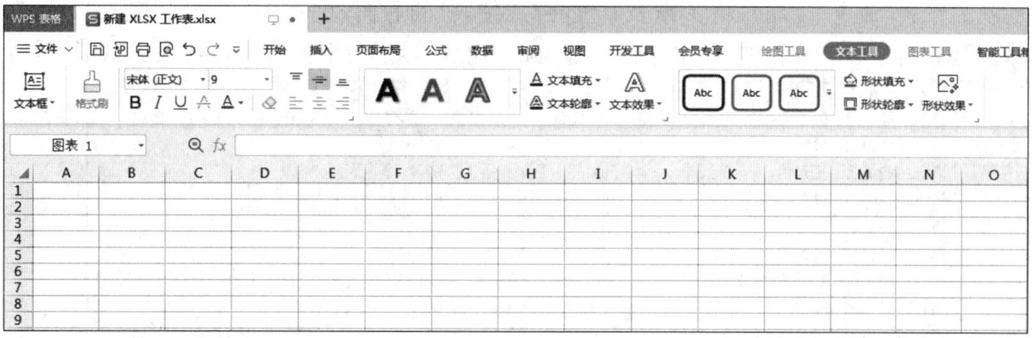

图 3-13 文本工具

4. 数据管理

WPS表格具有数据库管理功能，可以对数据进行排序、筛选、分类汇总等操作，所有操作均借助数据清单进行。

数据清单是由工作表中的单元格构成的矩形区域，即一张二维表。二维表中的一列为一个字段，一行为一条记录，第一行为表头，由若干字段名组成。工作表中不允许有空行或空列，每一列必须是性质相同、类型相同的数据。

(1)数据排序

对单一字段进行简单排序可以直接单击“数据”选项卡“排序和筛选”选项组中的“升序”或“降序”按钮来快速实现;复杂数据排序必须在“排序”对话框中进行设置。

(2)数据筛选

数据筛选有两种方式:简单筛选和高级筛选。简单筛选是对单个字段建立的筛选,多字段之间的筛选是逻辑与的关系。高级筛选是对复杂条件建立的筛选,需要建立条件区域。

单击“数据”选项卡“排序和筛选”选项组中的“筛选”按钮,即可进入筛选状态,在所需筛选的字段名下拉列表中选择要筛选的确切值,或通过“自定义筛选”设置筛选的条件。简单筛选能满足大部分用户的要求。

(3)分类汇总

分类汇总就是按某字段对数据清单进行分类,将字段值相同的连续记录作为一类,进行求和、求平均值、计数等运算。针对同一个分类字段,可以进行多种汇总。

在进行分类汇总前,必须对数据清单按分类字段进行排序,然后利用“数据”选项卡“分级显示”选项组中的“分类汇总”按钮,在弹出的“分类汇总”对话框中进行相应的选择。

若要取消分类汇总,可单击“数据”选项卡“分级显示”选项组中的“分类汇总”按钮,在弹出的“分类汇总”对话框中单击“全部删除”按钮。

实验步骤

1. 公式的运用

打开 Ex2. xlsx 工作簿,右击“成绩表”工作表标签,在弹出的快捷菜单中选择“移动或复制工作表”命令,复制一份工作表放置在“成绩表”的后面,重命名为“考试情况统计表”,并依照如图 3-14 所示的数据添加相应单元格中的内容。利用公式和函数完成以下计算:

	A	B	C	D	E	F	G	H	I
1	学号	姓名	数学	英语	计算机	总分	平均分	等级	名次
2	20230101	陈思宇	64	74	75				
3	20230102	王嘉怡	94	82	87				
4	20230103	夏安	52	86	69				
5	20230104	程冰露	82	71	90				
6	20230105	吴美琪	65	78	56				
7	20230106	叶涵尹	80	69	72				
8	20230107	陶灿	75	54	66				
9	20230108	张鸿瑞	78	90	85				
10	总人数								
11	单科不及格人数								
12	不及格率								
13	制表时间								
14									
15									
16									
17									
18									

成绩表 考试情况统计表 Sheet1 Sheet …

图 3-14 考试情况统计表

(1)编辑公式计算“总分”,其操作步骤如下:

①选定单元格 F2,输入公式“＝C2＋D2＋E2”,按 Enter 键,就会计算出陈思宇的总分。

②将鼠标指针放在单元格 F2 的右下角,鼠标形状变成“十”字形后,向下拖曳,将公式复制到单元格区域 F3:F9 中,相应单元格会进行自动调整(如单元格 F3 中的公式自动变换为“＝C3＋D3＋E3”,单元格 F4 中的公式自动变换为“＝C4＋D4＋E4”)。

(2)在单元格 B10 中统计总人数。其操作方法有如下两种:

① 在单元格 B10 中输入函数“＝COUNTA(B2:B9)”。

② 在单元格 B10 中输入函数“＝COUNT(C2:C9)”。

(3)统计“数学”、“英语”和“计算机”单科不及格人数和不及格率,其操作步骤如下:

① 在单元格 C11 中输入函数“＝COUNTIF(C2:C9,"＜60")”,计算出“数学”的不及格人数。

② 选定单元格 C11,拖动其右下角的填充柄,将函数复制到单元格 D11 和 E11 中,计算出“英语”和“计算机”的不及格人数。

③ 在单元格 C12 中输入公式“＝C11/＄B＄10”,按 Enter 键。

④ 将单元格 C12 中的公式利用填充柄复制到单元格 D12 和 E12 中。

⑤ 选定单元格 C12、D12、E12,单击“开始”选项卡“格式”选项组中的下拉按钮,弹出“单元格格式”对话框,在“数字”选项卡的“分类”列表框中选择“百分比”选项,设置“小数位数”为“1”,如图 3-15 所示。

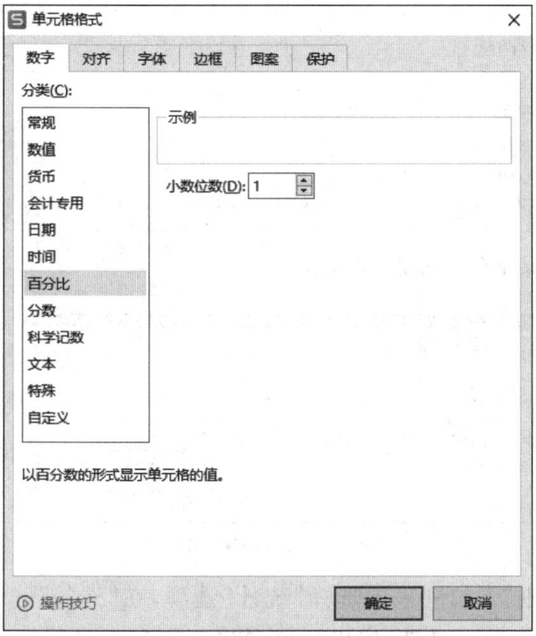

图 3-15　设置数字格式为百分比

(4)计算每名学生的平均分,保留一位小数,其操作步骤如下:

① 在单元格 G2 中输入函数“＝AVERAGE(C2:E2)”后按 Enter 键，再单击“开始”选项卡“格式”选项组中的下拉按钮，弹出“单元格格式”对话框，在“数字”选项卡的“分类”列表框中选择“数值”选项，设置“小数位数”为“1”。

② 将单元格 G2 中的公式利用填充柄复制到单元格区域 G3:G9 中，计算其他学生的平均分。

(5)按平均分给出每名学生的等级(平均分在 85～100 分的为“优秀”，75～84.9 分的为“良好”，60～74.9 分的为“及格”，60 分以下的为“不及格”)，其操作步骤如下：

① 在单元格 H2 中输入函数“＝ IF(G2＞＝85, "优秀", IF(G2＞＝75, "良好", IF(G2＞＝60, “及格”, “不及格")))”，计算出“陈思宇”的等级。

② 利用填充柄将 IF 函数复制填充到单元格区域 H3：H9 中，计算其他学生的等级。

(6)按平均分从高到低自动计算排位名次(不改变当前记录顺序)，其操作步骤如下：

① 选定单元格 I2，单击“公式”选项卡“函数库”选项组中的“插入函数”按钮，弹出“插入函数”对话框，如图 3-16 所示。

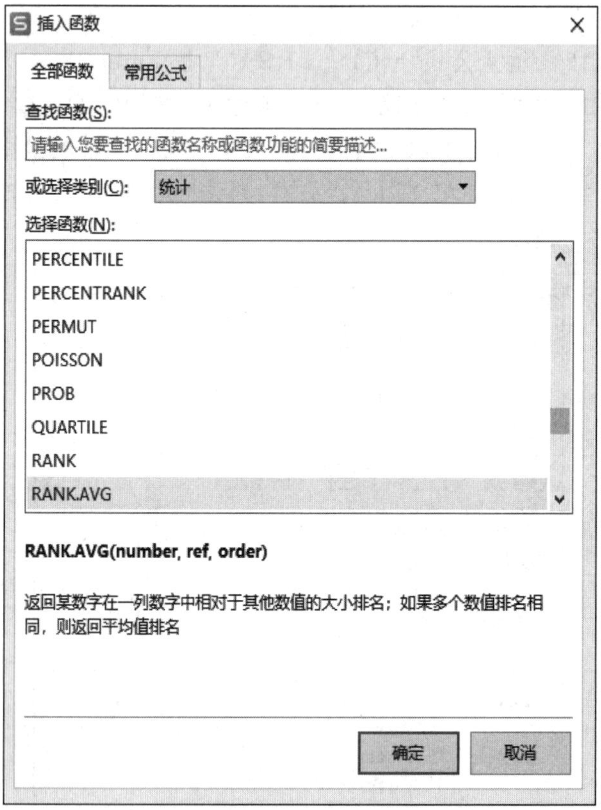

图 3-16 “插入函数”对话框

② 在“或选择类别”下拉列表中选择“统计”选项，在“选择函数”列表框中选择函数“RANK. AVG”，单击“确定”按钮，弹出“函数参数”对话框，如图 3-17 所示。

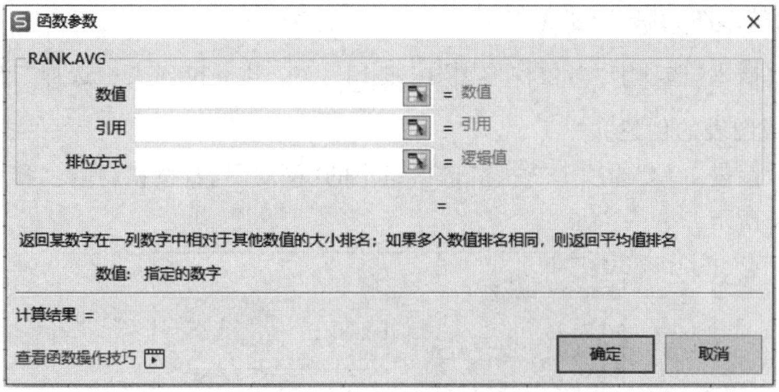

图 3-17　“函数参数”对话框

③ 在“数值”文本框中输入单元格地址“G2”，在“引用”文本框中输入单元格区域“＄G＄2：＄G＄9”(排序范围)。

相对地址和绝对地址之间可通过选定要切换的地址后按 F4 键进行切换。

④ 单击“确定”按钮，计算出“陈思宇”的名次。

⑤ 拖动单元格 I2 右下角的填充柄，将函数复制到单元格区域 I3：I9 中，计算其他学生的名次。

(7)在 B13 单元格中插入当前制表时间，其操作步骤如下：

① 在单元格 B13 中输入函数“＝NOW( )”，将自动插入系统当前的日期和时间。

② 按 Ctrl ＋；快捷键，再按 Enter 键后，将自动插入系统当前的日期。

以上操作完成后的结果如图 3-18 所示，将工作簿以原文件名保存。

	A	B	C	D	E	F	G	H	I	J
1	学号	姓名	数学	英语	计算机	总分	平均分	等级	名次	
2	20230101	陈思宇	64	74	75	213	71.0	及格	5	
3	20230102	王嘉怡	94	82	87	263	87.7	优秀	1	
4	20230103	夏安	52	86	69	207	69.0	及格	6	
5	20230104	程冰露	82	71	90	243	81.0	良好	3	
6	20230105	吴美琪	65	78	56	199	66.3	及格	7	
7	20230106	叶涵尹	80	69	72	221	73.7	及格	4	
8	20230107	陶灿	75	54	66	195	65.0	及格	8	
9	20230108	张鸿瑞	78	90	85	253	84.3	良好	2	
10	总人数	8								
11	单科不及格人数		1	1	1					
12	不及格率		12.5%	12.5%	12.5%					
13	制表时间	2023/6/15								

图 3-18　最终效果

2. 创建柱形图

打开 Ex2.xlsx 工作簿的“成绩表”，对 8 名学生的“数学”和“计算机”成绩创建独立的“二维簇状柱形图”。其操作步骤如下：

(1)选定要图形化的单元格区域 B1：C9 和 E1：E9。

(2)插入柱形图,其操作步骤如下：

① 单击“插入”选项卡“二位柱形图”按钮 ,在其下拉列表中选择“二维簇状柱形图”选项,完成图表的创建。

② 单击“图表工具”选项卡“位置”选项组中的“移动图表”按钮,弹出“移动图表”对话框,如图 3-19 所示。

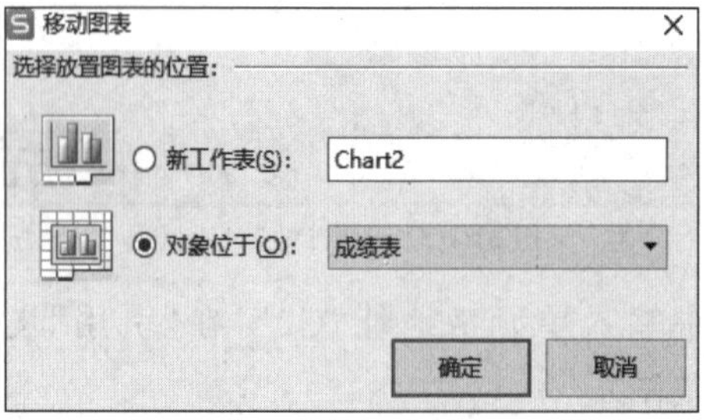

图 3-19 “移动图表”对话框

③ 选中“新工作表”单选按钮,然后单击“确定”按钮,系统自动产生一张名为 Chart1 的新工作表存放该图形。

(3)复制图表。右击“Chart1”工作表标签,在弹出的快捷菜单中选择“移动或复制工作表”命令,复制后粘贴到本工作簿的最前面,重命名为“成绩图表”。

(4)添加标题。

① 添加图表标题。单击“图表标题”文本框,在其中输入标题为“成绩图”,并设置字体为“隶书”,字号为“28 磅”。

② 添加坐标轴标题。单击“图表工具”选项卡“图表布局”选项组中的“添加元素”下拉按钮,在其下拉列表中选择“坐标轴标题”按钮,设置“主要横坐标轴标题”为“姓名”,“主要纵坐标轴标题”为“成绩”。

(5)取消数值轴网格线,添加数据标签。

① 单击“图表工具”选项卡“图表布局”选项组中的“添加元素”下拉按钮,在其下拉列表中选择“网格线”→“主轴主要水平网格线”选项,取消数值轴网格线。

② 在“添加元素”下拉列表中选择“数据标签”→“轴内”。

(6)更改图表中文字的格式。将成绩图表中的所有字体改为“楷体”,字号为“14 磅”。

右击“图表区”,在弹出的快捷菜单中选择“字体”命令,在弹出的“字体”对话框中设置图表中文字的字体、字号。

(7)设置背景墙为“橙色”纯色填充效果,添加蓝色实线边框。

① 在“图表工具”选项卡中单击“设置格式”按钮,选择“填充与线条”选项,单击“纯色填充”,在“填充”下拉按钮中选择橙色。

②单击“线条”下拉按钮,在“线条”面板中选择“实线”,颜色选择“蓝色”然后选择“宽度”→“1.5 磅实线”。

操作完成后的效果如图 3-20 所示。

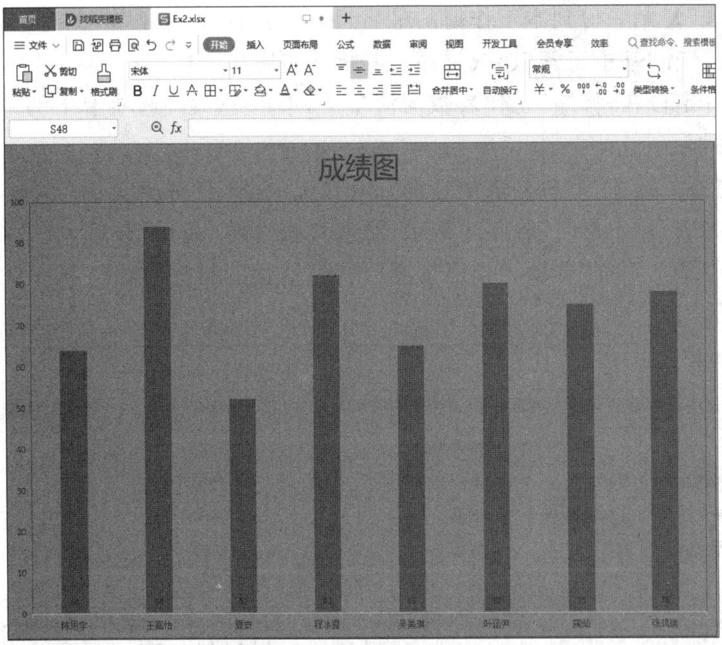

图 3-20　“成绩图”最终效果

3. 排序

打开 Ex4. xlsx 工作簿的“员工表”，在单元格 F3 中输入函数“＝YEAR(TODAY())－YEAR(C3)”，计算出工作时间，并设置数字格式为“数值”，小数位数为“0”。利用填充柄，将单元格 F3 的公式复制到单元格区域 F4:F13，如图 3-21 所示。

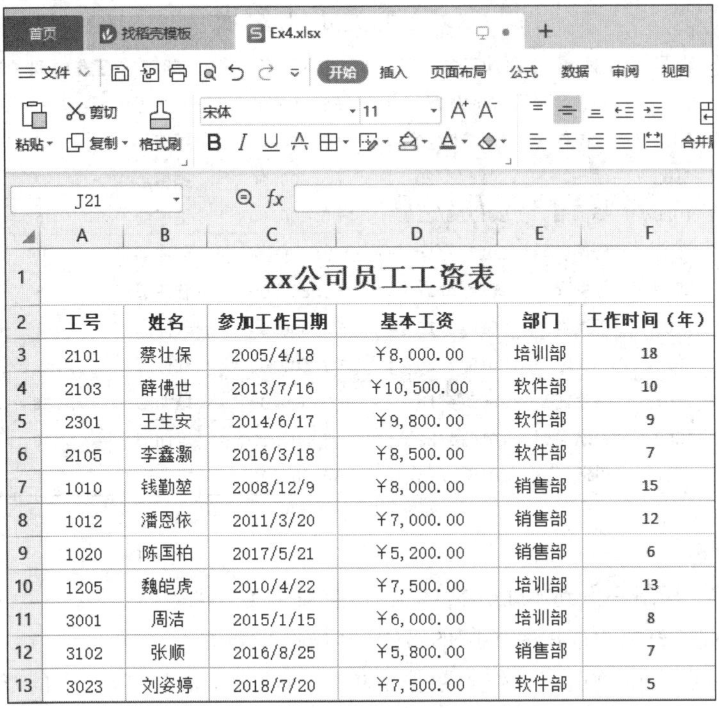

xx公司员工工资表

工号	姓名	参加工作日期	基本工资	部门	工作时间（年）
2101	蔡壮保	2005/4/18	￥8,000.00	培训部	18
2103	薛佛世	2013/7/16	￥10,500.00	软件部	10
2301	王生安	2014/6/17	￥9,800.00	软件部	9
2105	李鑫灏	2016/3/18	￥8,500.00	软件部	7
1010	钱勤堃	2008/12/9	￥8,000.00	销售部	15
1012	潘恩依	2011/3/20	￥7,000.00	销售部	12
1020	陈国柏	2017/5/21	￥5,200.00	销售部	6
1205	魏皑虎	2010/4/22	￥7,500.00	培训部	13
3001	周洁	2015/1/15	￥6,000.00	培训部	8
3102	张顺	2016/8/25	￥5,800.00	销售部	7
3023	刘姿婷	2018/7/20	￥7,500.00	软件部	5

图 3-21　员工表

将“员工表”复制一份到本工作簿的最后，重命名为“排序”。在“排序”表中按“部门”、“工作时间(年)”和“基本工资”递减排序。其操作步骤如下：

(1)将光标定位在“排序”工作表数据清单中，单击“开始”选项卡中的“排序”按钮，弹出“排序”对话框。

(2)在“主要关键字”下拉列表中选择“部门”选项，单击“添加条件”按钮；在“次要关键字”下拉列表中选择“工作时间(年)”选项；再次单击“添加条件”按钮，在“次要关键字”下拉列表中选择“基本工资”选项；“排序依据”均为“数值”，排序“次序”统一设置为“降序”，如图 3-22 所示。

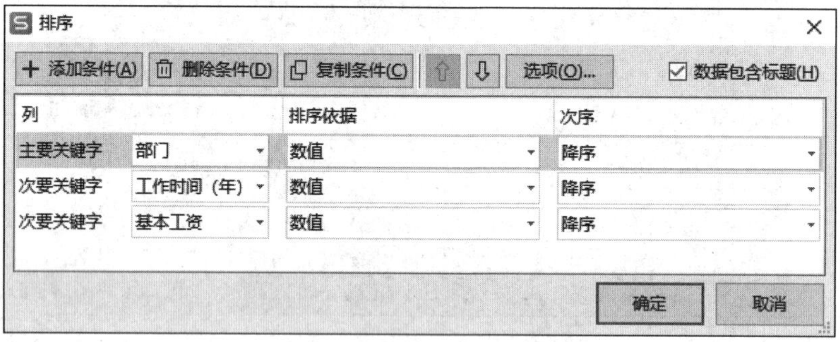

图 3-22 “排序”对话框

(3)单击“确定”按钮。通过以上的排序可以观察每个部门员工的工作年限和基本工资，排序后的工作表如图 3-23 所示。

	A	B	C	D	E	F
1	xx公司员工工资表					
2	工号	姓名	参加工作日期	基本工资	部门	工作时间（年）
3	1010	钱勤堃	2008/12/9	￥8,000.00	销售部	15
4	1012	潘恩依	2011/3/20	￥7,000.00	销售部	12
5	3102	张顺	2016/8/25	￥5,800.00	销售部	7
6	1020	陈国柏	2017/5/21	￥5,200.00	销售部	6
7	2103	薛佛世	2013/7/16	￥10,500.00	软件部	10
8	2301	王生安	2014/6/17	￥9,800.00	软件部	9
9	2105	李鑫灏	2016/3/18	￥8,500.00	软件部	7
10	3023	刘姿婷	2018/7/20	￥7,500.00	软件部	5
11	2101	蔡壮保	2005/4/18	￥8,000.00	培训部	18
12	1205	魏皑虎	2010/4/22	￥7,500.00	培训部	13
13	3001	周洁	2015/1/15	￥6,000.00	培训部	8

图 3-23 排序结果

4. 简单筛选

将“员工表”复制一份到本工作簿的最后，重命名为“筛选”。

(1)在“筛选”表中筛选出姓“刘”的员工，其操作步骤如下：

① 将光标定位在“筛选”工作表数据清单中，单击“开始”选项卡中的“筛选”按钮，此时第二行的每个标题右侧都出现了一个下拉按钮▼，即筛选器。

② 单击“姓名”字段的筛选器，在其下拉列表中选择“文本筛选”→“开头是”选项，弹出“自定义自动筛选方式”对话框。

③ 在“开头是”右侧的文本框中输入“刘”，单击“确定”按钮，即可筛选姓“刘”的员工，结果如图 3-24 所示。

	A	B	C	D	E	F
1	xx公司员工工资表					
13	3023	刘姿婷	2018/7/20	￥7,500.00	软件部	5
14						
15						

图 3-24　筛选结果

④ 再次单击“姓名”字段的筛选器，在下拉列表中选择“全选”选项，可撤销之前的筛选，显示原始数据清单。

(2)筛选基本工资在 7000～9000 元的员工，其操作步骤如下：

① 单击“基本工资”字段的筛选器，在其下拉列表中选择“数字筛选”→“自定义筛选”选项，弹出“自定义自动筛选方式”对话框。

② 在“基本工资”的第一行左侧的下拉列表中选择“大于或等于”选项，在其右侧的文本框中输入“7000”；在第二行左侧的下拉列表中选择“小于或等于”选项，在其右侧的文本框中输入“9000”，因为要同时满足上述两个筛选条件，所以选中“与”单选按钮，如图 3-25 所示。单击“确定”按钮完成操作。

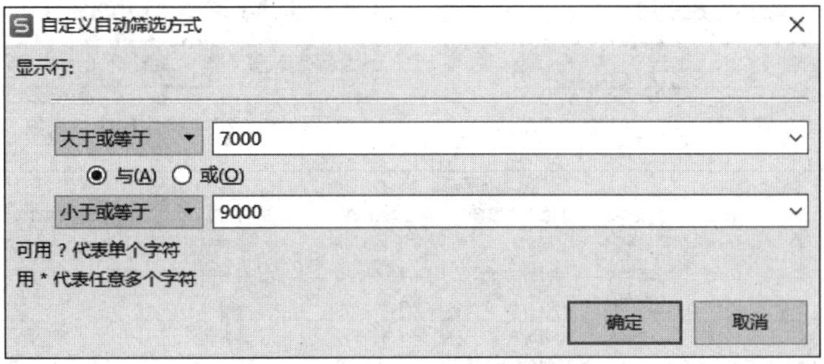

图 3-25　“自定义自动筛选方式”对话框

5. 分类汇总

(1)将“员工表”复制一份到本工作簿的最后，重命名为“分类汇总”，按“部门”分类，汇总“基本工资”的平均值。其操作步骤如下：

① 将原始工作表按“部门”排序。将光标定位在“部门”列的任意单元格，单击“数据”选项卡“排序”下拉选项中的“升序”或“降序”按钮。

② 将光标定位在“分类汇总”工作表数据清单中，单击“数据”选项卡“分级显示”选项组中的“分类汇总”按钮。

③ 弹出“分类汇总”对话框，在“分类字段”下拉列表中选择“部门”选项，在“汇总方式”下拉列表中选择“平均值”选项，在“选定汇总项”列表框中勾选需要汇总的字段复选框，这里勾选“基本工资”复选框。

④ 勾选“替换当前分类汇总”和“汇总结果显示在数据下方”复选框，如图 3-26 所示。最后单击“确定”按钮。

(2)进一步统计各部门员工的人数，其操作步骤如下：

① 将光标定位在数据清单中，单击“数据”选项卡“分级显示”选项组中的“分类汇总”按钮。

② 弹出“分类汇总”对话框，在“分类字段”下拉列表中选择“部门”选项，在“汇总方式”下拉列表中选择“计数”选项，在“选定汇总项”列表框中勾选“工号”复选框。

③ 取消勾选“替换当前分类汇总”复选框，如图 3-27 所示。最后单击“确定”按钮，结果如图 3-28 所示。

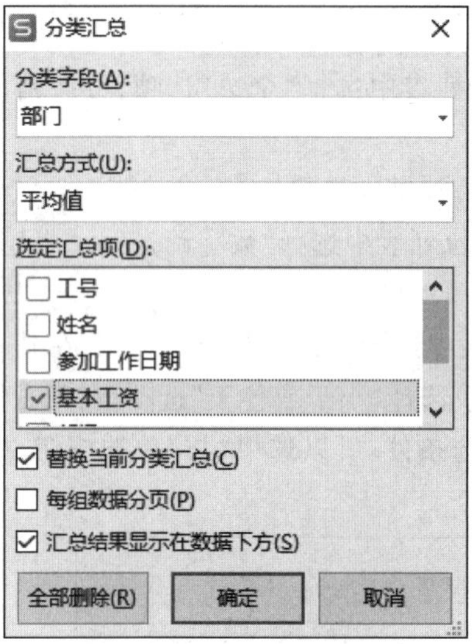

图 3-26 统计各部门基本工资

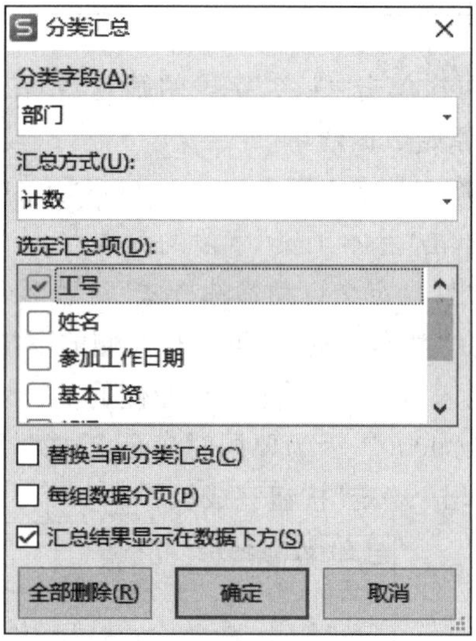

图 3-27 统计各部门人数

	A	B	C	D	E	F	G
1	工号	姓名	参加工作日期	基本工资	部门	工作时间（年）	
2	1010	钱勤堃	2008/12/9	￥8,000.00	销售部	15	
3	1012	潘恩依	2011/3/20	￥7,000.00	销售部	12	
4	1020	陈国柏	2017/5/21	￥5,200.00	销售部	6	
5	3102	张顺	2016/8/25	￥5,800.00	销售部	7	
6			销售部 计数	4			
7			销售部 平均值	￥6,500.00			
8	2103	薛佛世	2013/7/16	￥10,500.00	软件部	10	
9	2301	王生安	2014/6/17	￥9,800.00	软件部	9	
10	2105	李鑫灏	2016/3/18	￥8,500.00	软件部	7	
11	3023	刘姿婷	2018/7/20	￥7,500.00	软件部	5	
12			软件部 计数	4			
13			软件部 平均值	￥9,075.00			
14	2101	蔡壮保	2005/4/18	￥8,000.00	培训部	18	
15	1205	魏皑虎	2010/4/22	￥7,500.00	培训部	13	
16	3001	周洁	2015/1/15	￥6,000.00	培训部	8	
17			培训部 计数	3			
18			培训部 平均值	￥7,166.67			
19			总计数	11			
20			总平均值	￥7,618.18			

图 3-28 分类汇总结果

习题及分析

一、单项选择题

1. 使用 WPS 创建的表格，不可以直接(　　)。

A. 保存为 WPS 表格文件(＊.et)

B. 保存为 Excel 文件(＊.xlsx)

C. 输出为 PDF 文件

D. 保存为 Access 数据库文件(＊.mdb)

分析：保存 WPS 工作簿时，在“另存文件”对话框中的“文件类型”下拉列表中，可以看出 A、B、C 三种输出格式均可实现，但不可以保存为 Access 数据库文件(＊.mdb)。如果要输出数据库文件，可以选择“dBase 文件(＊.dbf)”格式。

【答案：D】

2. 在 WPS 表格中，位于第 3 行第 4 列的单元格的名称为(　　)。

A. C4　　　　B. 4C

C. D3　　　　D. 3D

分析：WPS 表格中单元格的表示方式为“列标行号”格式，第 3 行的行号为 3，第 4 列的列标为 D，所以第 3 行第 4 列的单元格的名称为 D3。

【答案：C】

3. 要实现 WPS 表格中单元格内容的换行，可以(　　)。

A. 使用“Alt＋Enter”快捷键换行　　　　B. 使用 Enter 键换行

C. 使用 Tab 键换行　　　　D. 使用方向键↓换行

分析：在单元格编辑状态下，使用“Alt＋Enter”快捷键可以在单元格内换行。

【答案：A】

4. WPS 表格单元格格式的数字分类中不包括(　　)。

A. 货币　　　　B. 百分比

C. 公式　　　　D. 分数

分析：在单元格上右击，从快捷菜单中选择“设置单元格格式”选项，打开“单元格格式”对话框，在“数字”选项卡中，“分类”区域包括常规、数值、货币、会计专用、日期、时间、百分比、分数、科学记数、文本、特殊和自定义等类型，没有“公式”类型。

【答案：C】

5. 关于 WPS 表格单元格的数据格式，以下说法不正确的是(　　)。

A. 输入日期时，只有用英文斜杠“/”分隔年月日，才可以自动识别日期

B. 文本型格式会将数字作为字符串处理

C. 特殊格式可以将数字转换成人民币大写

D. 分数格式可以将数值转化为分数

分析：在 WPS 表格单元格上右击，从快捷菜单中选择“设置单元格格式”，打开“单元格格式”对话框，选择数据“分类”后可以查看类型和格式。选择“日期”分类后，可以看出

输入日期除了用英文斜杠“/”，还有诸如“2001 年 3 月 7 日”“7-Mar-01”等多种格式。其余 B、C、D 选项都可以实现。

【答案：A】

6. 关于在 WPS 表格中设置单元格数据有效性，以下说法不正确的是（　　）。

A. 对于整数，可以限制数据取值范围

B. 对于日期，可以限制开始日期和结束日期

C. 可以限制输入文本的长度

D. 不能将某个序列作为单元格数据源

分析：单击“数据”选项卡→“有效性”，打开“数据有效性”对话框，在“有效性条件”中，可以允许整数、小数、序列、日期、时间、文本长度和自定义等，其中就包含了“序列”数据源。

【答案：D】

7. 关于 WPS 表格中的填充功能，以下说法不正确的是（　　）。

A. 不能按自定义序列填充

B. 对于整数，可以按等差数列填充

C. 对于日期，可以按日、月、年填充

D. 使用填充句柄可以实现规律填充

分析：WPS 表格填充功能中可以按自定义的序列进行填充，单击“文件”→“选项”，打开“选项”对话框，选择左侧的“自定义序列”，可以添加自行定义的序列；B、C、D 均可实现。

【答案：A】

8. 关于 WPS 表格中的智能填充，以下说法不正确的是（　　）。

A. 通过对比字符串之间的关系，智能识别出其中规律，然后快速填充

B. 智能填充的默认快捷键为“Ctrl＋E”

C. 使用智能填充，可以把原字符串中某些字符批量替换掉

D. 智能填充不需要借助辅助列

分析：单击“开始”选项卡→“填充”→“智能填充”命令（快捷键“Ctrl＋E”）可以通过辅助列和填写列之间的对比关系，智能识别出其中规律，然后快速填充。使用智能填充可以实现提取字符、替换字符、添加字符、合并字符、重组字符等操作。

【答案：D】

9. 在 WPS 工作表中进行输入时，可以（　　）。

A. 按 Enter 键（回车键），跳到下一列输入

B. 按 Tab 键（制表键），跳到下一行输入

C. 双击列标交界处，快速调整数据显示格式

D. 选中单元格，将鼠标放置在单元格右下角，出现“＋”字形的填充句柄时，向下拖动鼠标可填充数据

分析：在 WPS 表格的工作表中进行输入时，按 Enter 键（回车键），跳到下一行输入；按 Tab 键（制表键），跳到下一列输入；双击列标交界处，可将列宽调整到最适合的宽度；

选中单元格，将鼠标放置在单元格右下角，出现"＋"字形的填充句柄时，拖动到其他单元格可填充数据。

【答案：D】

10. 关于 WPS 表格中快捷键的使用，以下说法不正确的是(　　)。

A. 在选定单元格后，按下"Ctrl＋D"快捷键，能实现数据的快速复制

B. 按"Ctrl＋Z"快捷键，可以撤销上一步操作

C. 按"Ctrl＋A"快捷键，可以弹出"定位"对话框

D. 按"Ctrl＋；"快捷键，可以插入日期

分析：在选定单元格后，按"Ctrl＋D"快捷键，可以将上面单元格的数据快速复制到本单元格中；按"Ctrl＋Z"快捷键，可以撤销上一步操作；"Ctrl＋A"快捷键的功能是"全选"；按"Ctrl＋；"快捷键，可以插入当前日期。

【答案：C】

11. 关于 WPS 表格行高和列宽的调整，以下说法不正确的是(　　)。

A. 将鼠标定位到行号/列标分界线处并拖动，可以调整所有行高/列宽

B. 全选表格区域后，任意拖动一个行高和列宽，整个表格的行高和列宽都会同样调整

C. 在菜单栏"开始"→"行和列"→"行高"内输入合理的行高值，可以将行高调整为指定高度

D. 当输入的数值大于单元格宽度时，双击该列列标右侧分界线，可以调整到最合适的列宽

分析：将鼠标定位到行号或列标分界线并拖动，可以调整分界线上面一行的行高或左侧一列的列宽；B、C、D 均可实现。

【答案：A】

12. 关于 WPS 表格中的查找功能，以下说法不正确的是(　　)。

A. 可以在工作簿中查找　　　　B. 可以查找公式

C. 查找时不能区分大小写　　　D. 可以按字体颜色进行查找

分析：在"查找"对话框中，单击"选项"按钮，展开查找"选项"，可以将"范围"设定为"工作簿"；可以在"查找范围"中选择"公式"；可以勾选"区分大小写"复选框；单击"格式"按钮，可以从下拉列表中选择"字体颜色"。

【答案：C】

13. 如图 3-29 所示，在单元格 F2 中输入公式：＝IF(E2＞90,"优秀",IF(E2＞60,"合格","不合格"))，显示的值为(　　)。

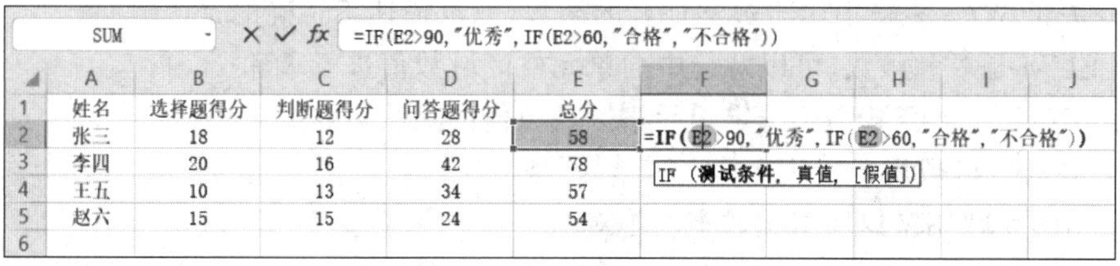

图 3-29　单选题 13 题图

A. 优秀　　　　B. 合格

C. 不合格　　　　D. 错误值

分析：本题考察的是 IF 函数的用法。IF 函数是一个条件判断函数，本题公式会依次判断：如果总分大于 90，则填写"优秀"，如果总分大于 60，则填写"合格"，否则填写"不合格"。因为 F2 单元格所在的公式中提取的 E2 单元格的值为 58，所以填写的值应为"不合格"。

【答案：C】

14. 如图 3-30 所示，在单元格 E2 中输入公式：=COUNTIF(C2:C5,">20")，显示的值为（　　）。

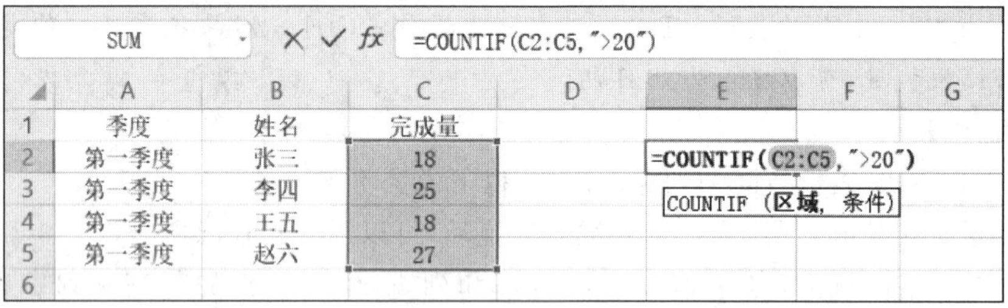

图 3-30　单选题 14 题图

A. 3　　　　B. 2

C. 4　　　　D. 88

分析：本题考察的是 COUNTIF 函数的用法。COUNTIF 函数的功能是在指定区域中统计符合指定条件的单元格个数。本题公式的意思是在 C2:C5 单元格区域中统计值大于 20 的单元格个数，因此其值为 2。

【答案：B】

15. 关于 WPS 表格函数，以下说法不正确的是（　　）。

A. COUNTA 函数用于统计非空单元格个数

B. COUNTIF 函数用于计算符合某一条件的值的个数

C. COUNT 函数不会对逻辑值、文本或错误值进行计数

D. COUNTA 函数计算时不包含错误值和空文本("")单元格

分析：本题考察的是 COUNTA、COUNTIF 和 COUNT 三个函数的用法区别。COUNTA 函数的功能是返回参数列表中非空的单元格个数，包含错误值和逻辑值；COUNTIF 函数的功能是在指定区域中统计符合指定条件的单元格个数；COUNT 函数返回包含数字的单元格以及参数列表中的数字的个数。

【答案：D】

16. 关于 WPS 表格中用于数学计算的函数，以下描述不正确的是（　　）。

A. SUM 是求和函数，可以对选中的单元格区域数值进行求和

B. PRODUCT 函数用于选定单元格区域数值的除法运算

C. IMSUB 函数用于减法运算

D. ABS 函数用来返回给定数字的绝对值

分析：SUM 函数的功能是返回某一单元格区域中所有数值之和；PRODUCT 函数的

功能是将所有以参数形式给出的数字相乘，并返回乘积值；IMSUB 函数的功能是返回两个复数的差值；ABS 函数的功能是返回给定数字的绝对值。

【答案：B】

17. 关于 WPS 表格的筛选功能，以下说法不正确的是(　　)。

A. 只能按文本筛选　　B. 可以按数字筛选

C. 可以按日期筛选　　D. 可以按内容筛选

分析：WPS 表格的筛选可以按文本、数字、日期和内容筛选。

【答案：A】

18. 关于 WPS 表格的高级筛选功能，以下说法不正确的是(　　)。

A. 高级筛选分为列表区域和条件区域

B. 在设置多个筛选条件时，如果两个条件是"或"关系，它们需要位于同一行

C. 可以将筛选结果复制到其他位置

D. 条件区域用来设置筛选条件

分析：单击"开始"选项卡→"筛选"→"高级筛选"命令，打开"高级筛选"对话框。在列表区域确定筛选对象，在条件区域设置筛选条件，可以将筛选结果复制到其他位置。在设置条件时，位于同一行的条件是"与"的关系，必须同时满足；位于同一列的条件是"或"的关系，只要满足一个即可。

【答案：B】

19. 关于 WPS 表格的图表，以下说法不正确的是(　　)。

A. 柱状图用于表示数据的对比及比较

B. 折线图用于表示数据的变化及趋势

C. 饼形图用于表示数据的变化趋势

D. 条形图用于表示数据的排名

分析：在 WPS 表格图表中，柱形图主要查看数据值的对比；折线图主要查看数据变化的趋势和走势的比较；饼图主要用于展示各数据占全部的比例多少；条形图更适合于展现排名。

【答案：C】

20. 关于 WPS 表格的打印和分页，以下说法不正确的是(　　)。

A. 可以通过"页面布局"→"插入分页符"→"插入分页符"，插入分页符进行分页

B. 可以通过"页面布局"→"打印缩放"，将整个工作表打印在一页

C. 可以打印表格中被筛选的内容

D. 不可以设置打印表格中分类汇总的内容

分析：A、B、C 均可实现，也可以打印表格中分类汇总的内容。

【答案：D】

二、操作题

1. 创建如图 3-31 所示的工作表，完成下列操作：

(1)在"成绩表"中第一行上面插入新行，然后在 A1 单元格内输入"育才中学高三(1)班学生成绩表"，合并 A1:J1 单元格区域并居中，设置字体：黑体，字形：加粗，字号：16。

	A	B	C	D	E	F	G	H	I	J
1	学号	姓名	语文	数学	英语	历史	政治	地理	总分	
2	101	王萍	96	75	82	60	80	81		
3	102	杨向中	102	90	106	88	91	90		
4	103	钱学农	60	11	27	33	60	52		
5	104	王爱华	98	90	82	98	88	88		
6	105	刘晓华	103	45	66	80	85	83		
7	106	李婷	101	46	62	85	86	61		
8	107	王宇	63	18	17	37	57	25		
9	108	张曼	94	97	110	91	87	86		
10	109	李小辉	83	7	64	68	87	54		
11	学生人数		总分最高分			总分最低分				
12										

图 3-31　操作题 1 原始数据

(2)在总分对应单元格区域,用公式计算每个学生的总分。

(3)用 COUNTA、MAX 和 MIN 函数分别在右侧同行单元格中统计出学生人数、总分最高分和总分最低分。

(4)在 J2 单元格中输入:平均分,在 J 列对应单元格使用 AVERAGEA 函数计算每个学生的平均分并保留 2 位小数。

(5)根据“姓名”和“总分”两列在当前工作表内制作簇状柱形图,图表的标题为“成绩图表”。

(6)表格中所有文字水平、垂直均居中,设置好表格线,保存该文档为 t1. xlsx。

分析:本题考核的知识点主要是常用统计函数的应用,基本排版格式的设置,图表的创建与编辑以及文件格式的选择。操作结果如图 3-32 所示。

	A	B	C	D	E	F	G	H	I	J
1	育才中学高三(1)班学生成绩表									
2	学号	姓名	语文	数学	英语	历史	政治	地理	总分	平均分
3	101	王萍	96	75	82	60	80	81	474	79.00
4	102	杨向中	102	90	106	88	91	90	567	94.50
5	103	钱学农	60	11	27	33	60	52	243	40.50
6	104	王爱华	98	90	82	98	88	88	544	90.67
7	105	刘晓华	103	45	66	80	85	83	462	77.00
8	106	李婷	101	46	62	85	86	61	441	73.50
9	107	王宇	63	18	17	37	57	25	217	36.17
10	108	张曼	94	97	110	91	87	86	565	94.17
11	109	李小辉	83	7	64	68	87	54	363	60.50
12	学生人数	9	总分最高分		567	总分最低分		217		

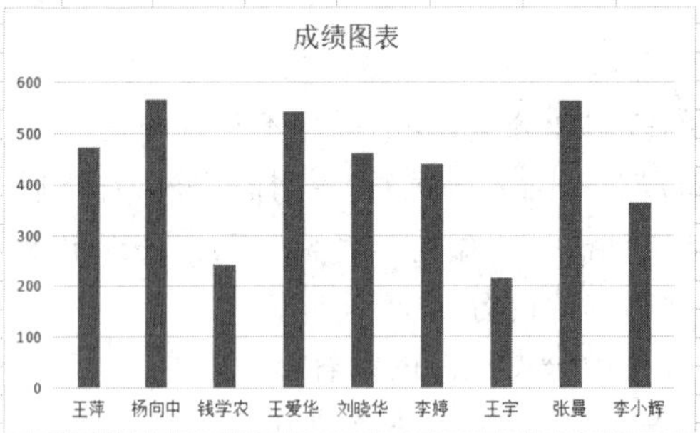

图 3-32　操作题 1 操作结果

操作步骤

(1)运行 WPS Office 2019,选择“新建”→“表格”→“新建空白文档”,在“Sheet1”工作表名称上双击,将工作表名称修改为“成绩表”,按图 3-31 录入表格内容。在行号“1”上右击，从快捷菜单中选择“插入 行数：1”，表格顶部插入一行；在A1单元格内输入“育才中学高三(1)班学生成绩表”；拖动鼠标选定A1:J1单元格区域，单击“开始”选项卡中的“合并居中”按钮，设置字体为黑体，字号为16，单击“B”按钮将文字设置为加粗。

(2)单击选定I3单元格，输入公式“=SUM(C3:H3)”，按Enter键，在I3单元格中填入“王萍”同学的总分。将鼠标移到I3单元格右下角的填充句柄上，拖动鼠标至I11单元格，填上每个学生的总分。

(3)单击选定B12单元格，输入公式“=COUNTA(B3:B11)”，按Enter键，在B12单元格中填入学生人数“9”；单击选定E12单元格，输入公式“=MAX(I3:I11)”，按Enter键，在E12单元格中填入总分最高分；单击选定H12单元格，输入公式“=MIN(I3:I11)”，按Enter键，在H12单元格中填入总分最低分。

(4)单击选定J2单元格，输入“平均分”，在J3单元格中输入“=AVERAGEA(C3:H3)”，按Enter键，在J3单元格中填入“王萍”同学的六科平均分；将鼠标移到J3单元格右下角的填充句柄上，拖动鼠标至J11单元格，填上每个学生的平均分；在选定的J3:J11单元格区域上右击，从快捷菜单中选择“单元格格式”命令，弹出“单元格格式”对话框，在“分类”区域选择“数值”，将小数位数设置为“2”，单击“确定”按钮。

(5)拖动鼠标选定单元格区域B2:B11，按下Ctrl键不放，再拖动选定I2:I11单元格区域，单击“插入”选项卡中“全部图表”按钮，弹出“插入图表”对话框，从左侧选择“柱形图”，在对应的右侧选择“簇状柱形图”，单击“插入”按钮；调整好图表的位置，双击图表标题，将标题修改为“成绩图表”。

(6)拖动选定工作表中的A2:J12单元格区域，单击“开始”选项卡中的“垂直居中”和“水平居中”命令，将单元格内容设置为垂直和水平方向居中对齐；选择表格边框设置下拉列表中的“所有框线”，为表格设置表格线；单击“文件”选项卡下的“另存为”命令，弹出“另存文件”对话框，设置好要保存的位置，在“文件类型”中选择“Microsoft Excel 文件(*.xlsx)”，在“文件名”文本框中输入“t1”，单击“保存”按钮。

2. 创建如图3-33所示的工作表，完成下列操作：

	A	B	C	D	E	F	G	H	I	J
1										
2						适用税率：	1.50%		条件区域：	
3	姓名	楼号	户型	面积(m²)	单价(元)	房价总额	契税			
4	陆明	4-101	三室二厅	125.12	6821	853443.5				
5	云清	5-201	两室一厅	88.85	7125	633056.3				
6	陆飞	6-301	两室二厅	101.88	7529	767054.5				
7	陈晨	3-301	三室二厅	125.12	8023	1003838				
8	于海琴	5-501	四室二厅	145.12	8621	1251080				
9	吴楚涵	10-602	两室一厅	75.12	8925	670446				
10	张子琪	2-701	三室二厅	125.12	9358	1170873				
11	楚云飞	4-801	两室一厅	95.12	9624	915434.9				
12	刘雯	6-505	三室二厅	135.12	9950	1344444				
13	许茹芸	5-402	两室二厅	105.12	11235	1181023				
14	陆岚	7-304	三室二厅	115.12	13658	1572309				
15	徐江楠	6-505	两室一厅	75.12	14521	1090818				
16					销售额：					
17										
18										

房产销售表

图3-33 操作题2原始数据

(1)在“房产销售表”的A1单元格内输入“应山府三月销售明细”。

(2)将“房产销售表”中 A1:G1 单元格区域合并居中,设置字体:黑体,字形:加粗,字号:16。

(3)在“房产销售表”中 G 列对应单元格内使用简单公式计算每套房的契税(计算公式为:契税=房价总额 * 适用税率,其中适用税率值保存在单元格 G2 内,要求使用绝对引用方式获取),设置 G4:G15 单元格区域的数字格式为:货币、保留 2 位小数,负数形式选择第三项。

(4)在“房产销售表”F16 单元格中使用 SUM 函数计算房价总额的合计。

(5)为“房产销售表”中 A3:G15 单元格区域应用单实线边框,文本对齐方式设置为:水平居中对齐。

(6)在“房产销售表”中应用高级筛选,筛选出户型为三室二厅且面积大于 110 平方米的数据(要求:筛选区域选择(A3:G15 单元格区域的所有数据,筛选条件写在 I3:J4 单元格区域,筛选结果复制到 A20 单元格))。

(7)保存该文档为 t2. xlsx。

分析:本题考核的知识点主要是常用函数和公式的应用,单元格地址的绝对引用,基本排版格式的设置,高级筛选以及文件格式的选择。操作结果如图 3-34 所示。

	A	B	C	D	E	F	G	H	I	J
1	应山府三月销售明细									
2						适用税率:	1.50%		条件区域:	
3	姓名	楼号	户型	面积(m^2)	单价(元)	房价总额	契税		户型	面积(m^2)
4	陆明	4-101	三室二厅	125.12	6821	853443.5	¥12,801.65		三室二厅	>110
5	云清	5-201	两室一厅	88.85	7125	633056.3	¥9,495.84			
6	陆飞	6-301	两室二厅	101.88	7529	767054.5	¥11,505.82			
7	陈晨	3-301	三室二厅	125.12	8023	1003838	¥15,057.57			
8	于海琴	5-501	四室二厅	145.12	8621	1251080	¥18,766.19			
9	吴楚涵	10-602	两室一厅	75.12	8925	670446	¥10,056.69			
10	张子琪	2-701	三室二厅	125.12	9358	1170873	¥17,563.09			
11	楚云飞	4-801	两室一厅	95.12	9624	915434.9	¥13,731.52			
12	刘雯	6-505	三室二厅	135.12	9950	1344444	¥20,166.66			
13	许茹芸	5-402	两室二厅	105.12	11235	1181023	¥17,715.35			
14	陆岚	7-304	三室二厅	115.12	13658	1572309	¥23,584.63			
15	徐江楠	6-505	两室一厅	75.12	14521	1090818	¥16,362.26			
16					销售额:	12453819.09				
17										
18										
19										
20	姓名	楼号	户型	面积(m^2)	单价(元)	房价总额	契税			
21	陆明	4-101	三室二厅	125.12	6821	853443.5	¥12,801.65			
22	陈晨	3-301	三室二厅	125.12	8023	1003838	¥15,057.57			
23	张子琪	2-701	三室二厅	125.12	9358	1170873	¥17,563.09			
24	刘雯	6-505	三室二厅	135.12	9950	1344444	¥20,166.66			
25	陆岚	7-304	三室二厅	115.12	13658	1572309	¥23,584.63			
26										

图 3-34　操作题 2 操作结果

操作步骤

(1)运行 WPS Office 2019,选择“新建”→“表格”→“新建空白文档”,在“Sheet1”工作表名称上双击,将工作表名称修改为“房产销售表”,按图 3-33 录入表格内容。在录入过程中,列标题“面积(m^2)”中有个上标“2”,需要在选定“2”后,单击“开始”选项卡中“字体”选项组右下角的对话框启动器,打开“单元格格式”对话框,勾选“上标”复选框;“房价总额”列的计算可以使用公式，首先在 F4 单元格中输入公式“＝D4 * E4”，按 Enter 键，在 F4 单元格中填入房价总额，然后将鼠标移到 F4 单元格右下角的填充句柄上，拖动鼠标至 F15 单元格，填上每套房的总价。按示例表的要求，拖动鼠标选定 F4:F6 单元格区域，按下 Ctrl 键，单击选定 F11 单元格，在选定区域上右击，从快捷菜单中选择“设置单元格格式”选项，弹出“单元格格式”对话框，在“分类”区域选择“数值”，将小数位数设置为“1”，单击“确定”按钮。再用同样的方法选定 F7:F10 和 F12:F15 两个单元格区域，将小数位数设置为“0”，单击“确定”按钮。单击选定 A1 单元格，输入“应山府三月销售明细”。

(2)拖动鼠标选定 A1:G1 单元格区域，单击“开始”选项卡中的“合并居中”按钮，设置字体为黑体，字号为 16，单击“B”按钮将文字设置为加粗。

(3)单击选定 G4 单元格，输入公式“＝F4 * ＄G＄2”(其中＄G＄2 是对 G2 单元格税率的绝对引用)，按 Enter 键，在 G4 单元格中填入契税，然后将鼠标移到 G4 单元格右下角的填充句柄上，拖动鼠标至 G15 单元格，填上每套房的契税。在选定的 G4:G15 单元格区域上右击，从快捷菜单中选择“设置单元格格式”命令，弹出“单元格格式”对话框，在“分类”框中选择“货币”，将小数位数设置为“2”，“负数”选第三项“￥1,234,10”，单击“确定”按钮。

(4)单击选定 F16 单元格，输入公式“＝SUM(F4:F15)”，按 Enter 键填入总销售额。

(5)拖动选定工作表中的 A3:G15 单元格区域，单击“开始”选项卡中的表格边框设置下拉列表中的“所有框线”，为表格设置表格线(系统默认为单实线边框，如果不是，则单击下拉列表中的“其他边框”，在对话框中进行详细设置)；单击“水平居中”命令，将单元格内容设置为水平方向居中对齐。

(6)在 I3 单元格中输入“户型”，在 J3 单元格中输入“面积(m^2)”，在 I4 单元格中输入“三室二厅”，在 J4 单元格中输入“＞110”。拖动鼠标选定 A3:G15 单元格区域，单击“开始”选项卡中的“筛选”命令的下拉按钮，选择“高级筛选”选项，弹出“高级筛选”对话框，如图 3-35 所示，按图进行设置后单击“确定”按钮。筛选结果显示在以 A20 为左上角的区域中。

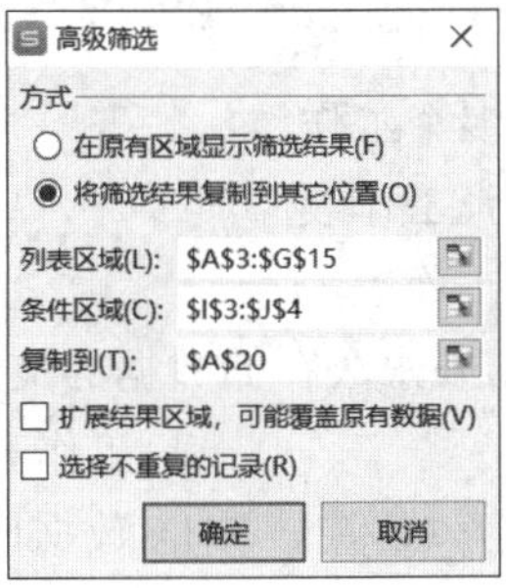

图 3-35　“高级筛选”对话框

(7)单击“文件”选项卡下的“另存为”命令，弹出“另存文件”对话框，设置好要保存的位置，在文件类型中选择“Microsoft Excel 文件(＊.xlsx)”，在“文件名”文本框中输入“t2”，单击“保存”按钮。

补充练习

一、单项选择题

(一)WPS 表格概述、工作簿、工作表、单元格等

1. WPS 表格广泛应用于(　　)。

A. 统计分析、财务管理分析、股票分析和经济、行政管理等各个方面

B. 工业设计、机械制造、建筑工程

C. 美术设计、装潢、图片制作等各个方面

D. 多媒体制作

2. 关于 WPS 表格,以下选项错误的是(　　)。

A. WPS 表格是电子表格处理软件

B. WPS 表格不具有数据库管理能力

C. WPS 表格具有报表编辑、分析数据、图表处理、连接及合并等能力

D. WPS 表格可以利用宏功能简化操作

3. 在 WPS 表格中,数据的输入和计算是通过(　　)来完成的。

A. 工作簿　　B. 工作表

C. 单元格　　D. 窗口

4. WPS 表格的三个主要功能是(　　)、图表制作和数据库管理。

A. 多媒体数据处理　　B. 文字输入

C. 公式计算　　D. 格式处理

5. WPS 表格中的数据库管理功能是(　　)。

A. 筛选数据　　B. 排序数据

C. 汇总数据　　D. 以上都是

6. WPS 表格中有关工作簿的概念,以下叙述错误的是(　　)。

A. 一个电子表格文件就是一个工作簿

B. 一个电子表格文件可包含多个工作簿

C. 一个工作簿可以只包含一张工作表

D. 一个工作簿可以包含多张工作表

7. 在 WPS 表格环境中可以用来永久存储数据的文件称为(　　)。

A. 工作簿　　B. 工作表

C. 图表　　D. 数据库

8. 关于 WPS 表格的功能,以下叙述错误的是(　　)。

A. 在 WPS 表格中,可以处理图形

B. 在 WPS 表格中,可以处理公式

C. WPS 表格的数据库管理可支持数据的记录、增、删、改等操作

D. 各工作表是相互独立的,出于安全考虑,工作表中的数据不可以相互调用

9. 在 WPS 表格的工作表中最小的操作单位是（ ）。

A. 一列　　B. 一行

C. 一张二维表　　D. 单元格

10. WPS 表格中的工作表是（ ）维表格。

A. 一　　B. 二

C. 三　　D. 都不是

11. 以下文件类型中，（ ）是 WPS 表格的标准文件格式。

A. *.xlsx　　B. *.et

C. *.do　　D. *.ppt

12. 新建 WPS 工作簿，默认工作表数是（ ）。

A. 1　　B. 2

C. 3　　D. 4

13. 在 WPS 表格中，每张工作表最多可以容纳的行数是（ ）。

A. 256 行　　B. 1 024 行

C. 65 536 行　　D. 1 048 576 行

14. WPS 表格的窗口包含（ ）。

A. 标题栏、工具栏、标尺　　B. 菜单栏、工具栏、标尺

C. 编辑栏、标题栏、选项卡　　D. 菜单栏、状态栏、标尺

15. 在 WPS 表格中，位于同一工作簿中的各工作表之间（ ）。

A. 不能有关联　　B. 不同工作表中的数据可以相互引用

C. 可以重名　　D. 排列顺序会影响数据

16. 在 WPS 表格中，（ ）是不能进行的操作。

A. 恢复被删除的工作表　　B. 修改工作表名称

C. 移动和复制工作表　　D. 插入和删除工作表

17. 下列单元格地址的引用不正确的是（ ）。

A. B3　　B. 3B

C. $B$3　　D. $B3

18. 下列单元格地址引用表示为绝对引用的是（ ）。

A. B3　　B. B$3

C. $B$3　　D. $B3

19. WPS 表格的每个工作簿可包含多个工作表，当前工作表（ ）。

A. 只能有一个　　B. 可以有二个

C. 可以有三个　　D. 可以有四个

20. 利用鼠标并配合键盘上的（ ）键，可以同时选取连续的单元格区域。

A. Ctrl　　B. Enter

C. Shift　　D. Alt

21. 在 WPS 表格中，选择多个不连续的单元格区域可以用鼠标和(　　)键配合实现。

A. Shift　　B. Alt

C. Ctrl　　D. Enter

22. 在使用 WPS 表格处理数据时，如果在单元格中输入字符后，需要取消刚输入的内容，还原到原来的值，应在编辑栏单击(　　)图标。

A. √　　B. ×

C. %　　D. =

23. 在 WPS 表格中，空心十字形鼠标指针和实心十字形鼠标指针可以进行的操作分别是(　　)。

A. 前者拖动时选择单元格，后者拖动时复制或智能填充单元格内容

B. 前者拖动时复制或智能填充单元格内容，后者拖动时选择单元格

C. 作用相同，都可以选择单元格

D. 作用相同，都可以填充单元格内容

24. 在 WPS 表格操作中，若要对工作表重新命名，下列方法中不能实现的是(　　)。

A. 在工作表标签上单击鼠标右键，选择“重命名”命令

B. 双击工作表标签

C. 单击工作表标签，并按 F2 键

D. 使用“开始”选项，选择“工作表”下拉菜单中“重命名”命令

25. WPS 表格中窗口最下面的一行称为状态栏，当用户输入数据时，状态栏显示(　　)。

A. 输入状态　　B. 指针

C. 编辑状态　　D. 拼写检查

26. 在 WPS 表格中，按“Ctrl+End”快捷键，光标将移到(　　)。

A. 行首

B. 工作表头

C. 工作簿头

D. 当前行右侧第一个有数据的单元格或行尾

27. 在 WPS 表格中，进行删除时，不能选择(　　)。

A. 右侧单元格左移　　B. 左侧单元格右移

C. 下方单元格上移　　D. 删除整行

28. 在 WPS 表格中将单元格变为活动单元格的操作是(　　)。

A. 用鼠标单击该单元格

B. 将鼠标指针指向该单元格

C. 在当前单元格内键入该目标单元格地址

D. 没必要，因为每一个单元格都是活动的

29. 下列关于 WPS 表格中“删除”和“清除”命令的说法，正确的是(　　)。

A. 使用“删除”命令，会同时删除单元格所在的行和列

B. 使用“清除”命令，可以清除单元格数据的全部格式、内容、批注

D. 使用“删除”命令，只删除单元格中的数据

C. 使用“清除”命令，会将该单元格从表格中移除

30. 在 WPS 表格中，同时选择多个不相邻的工作表，可以在按住（　　）键的同时依次单击各个工作表的标签。

A. Ctrl　　B. Alt

C. Shift　　D. Tab

（二）数据的输入、填充句柄等

31. 在 WPS 表格中，表达式可以包含（　　）项目。

A. 数值　　B. 运算符号

C. 单元格引用位置　　D. 以上都是

32. 在 WPS 表格中默认情况下，当按 Enter 键结束对一个单元格的数据输入后，当前活动单元格位于原单元格的（　　）。

A. 上面　　B. 下面

C. 左面　　D. 右面

33. 在 WPS 表格默认情况下，按键盘（　　）键使当前活动单元往右移。

A. Enter　　B. Shift

C. Tab　　D. Alt

34. 在 WPS 表格中，若为了加快输入速度，在相邻单元格中输入“二月”到“十月”的连续字符时，可使用（　　）功能。

A. 复制单元格　　B. 移动

C. 自动计算　　D. 自动填充

35. 下列不是表达式的算术运算符的是（　　）。

A. %　　B. /

C. <>　　D. ^

36. 在 WPS 表格中，若要在 A1 单元格中输入字符串 010023，则应输入（　　）。

A. ′010023　　B. ″010023″

C. ′010023　　D. #010023

37. 在 WPS 表格默认情况下，如果在 C2 单元格中输入了(100)，则 C2 单元格内显示内容是（　　）。

A. 100　　B. (100)

C. −100　　D. 1/100

38. 在单元格 A2 中输入（　　），其显示为″0.4″。

A. 2/5　　B. =2/5

C. =″2/5″　　D. ″2/5″

39. 在 WPS 表格中，使用“自动填充”功能，可以（　　）。

A. 对若干个连续单元格自动求和

B. 对若干个连续单元格制作图表

C. 对若干个连续单元格进行计数统计

D. 对若干个连续单元格快速输入有规律的数据

40. 若在 WPS 表格某工作表的 A1、A2 单元格中分别输入 3.5 和 5，并将这两个单元格选定，然后向下拖动填充句柄经过 A3 和 A4 单元格后松开，在 A3 和 A4 单元格中分别填入的数据是(　　)。

A. 3.5 和 5　　B. 4 和 4.5

C. 5 和 5.5　　D. 6.5 和 8

41. 若在 WPS 表格工作表的 A1 和 B1 单元格中分别输入"五月"和"六月"，并将这两个单元格选定，然后向右拖动填充句柄经过 C1 和 D1 单元格后松开，在 C1 和 D1 单元格中分别填入的数据是(　　)。

A. 五月、五月　　B. 七月、八月

C. 六月、六月　　D. 五月、六月

42. 若在 WPS 表格某工作表的 A1 单元格中输入"计算机 01 班"，选择 A1 单元格并向下拖动填充句柄经过 A2 和 A3 单元格后松开，则在 A2，A3 单元格中分别填入的数据是(　　)。

A. 计算机 01 班，计算机 01 班　　B. 计算机 02 班，计算机 02 班

C. 计算机 02 班，计算机 03 班　　D. 无法正常显示

43. 若要在 WPS 表格某工作表的 A1 单元格中输入分数"3/4"，下列操作正确的是(　　)。

A. 0 4/3　　B. 3/4

C. 0 3/4　　D. 4/3

(三)"开始"选项卡

44. 在 WPS 表格中，日期和时间属于(　　)。

A. 数值类型　　B. 文字类型

C. 逻辑类型　　D. 错误值

45. 在 WPS 表格中，如果需要在单元格中将 800 显示为￥800.00，应将单元格的数据格式设置为(　　)。

A. 常规　　B. 数值

C. 货币　　D. 特殊

46. 在 WPS 工作表中，下列关于日期型数据的叙述，错误的是(　　)。

A. 日期格式是数值型数据的一种显示格式

B. 无论一个数值以何种日期格式显示，值都不变

C. 日期序数 5432 表示从 1900 年 1 月 1 日至该日期的天数

D. 日期值不能自动填充

47. 若要在 WPS 表格的工作表中插入某一行，比如选择行号为 2 的行，然后(　　)。

A. 单击鼠标左键，在快捷菜单中选择"插入 行数:1"命令，将在第 2 行之上插入一行

B. 单击鼠标左键，在快捷菜单中选择"插入 行数:1"命令，将在第 2 行之下插入一行

C. 单击鼠标右键，在快捷菜单中选择"插入 行数:1"命令，将在第 2 行之上插入一行

D. 单击鼠标右键，在快捷菜单中选择“插入 行数：1”命令，将在第 2 行之下插入一行

48. 在 WPS 表格的单元格中输入日期，下列日期格式中正确的是(　　)。

A. 2015 年 4 月 18 日　　B. 2015-4-18

C. 2015/4/18　　D. 以上方式都对

49. 在 WPS 表格中，假如 A1 单元格的数值是－111，使用内在的“数值”格式设定该单元格之后，－111 也可以显示为(　　)。

A. 111　　B. {111}

C. (111)　　D. [111]

50. 在 WPS 表格的“单元格格式”对话框中，不存在的选项卡为(　　)。

A. 数字　　B. 段落

C. 字体　　D. 对齐

51. 在 WPS 工作表中，设置单元格的自动换行操作，应在“单元格格式”对话框的(　　)选项卡里进行。

A. “数字”　　B. “对齐”

C. “字体”　　D. “编辑”

52. 在 WPS 表格中，对工作表的选择区域不能够进行的设置是(　　)。

A. 行高尺寸　　B. 列宽尺寸

C. 条件格式　　D. 保存

53. 在 WPS 工作表中，能够进行条件格式设置的区域(　　)。

A. 只能是一个单元格　　B. 只能是一行

C. 只能是一列　　D. 可以是选定的区域

(四)“插入”选项卡

54. 在 WPS 表格中，能够很好地通过矩形块反映每个对象中不同属性值大小的图表类型是(　　)。

A. 柱形图　　B. 折线图

C. 饼图　　D. XY 散点图

55. 在 WPS 表格中，移动图表的方法是(　　)。

A. 将鼠标指针放在图表边线上，按下鼠标左键拖动

B. 将鼠标指针放在图表控点上，按下鼠标左键拖动

C. 将鼠标指针放在图表内，按下鼠标左键拖动

D. 将鼠标指针放在图表内，按下鼠标右键拖动

56. 在 WPS 表格中的统计图表是(　　)。

A. 操作员根据表格数据手工绘制的图表

B. 对电子表格的一种格式美化修饰

C. 操作员选择图表类型后，系统根据电子表格数据自动生成的，并与表格数据动态对应

D. 系统根据电子表格数据自动生成的，生成后的成固定图像，以方便使用

57. WPS 表格中创建图表的方式可使用(　　)。

A. 模板　　B. 插入图表

C. 插入对象　　D. 图文框

58. 在 WPS 表格中,关于图表的说法,错误的是(　　)。

A. 图表既可以改变大小,也可以改变位置

B. 图表建立之后,也可以进行删除操作

C. 图表可以添加标题,也可以不显示标题

D. 图表建立之后,当数据源发生变化时,图表不会发生改变

(五)“公式”选项卡

59. 在 WPS 表格中,下列单元格地址引用属于混合引用的是(　　)。

A. C66　　B. $C66

C. C66$　　D. $C$66

60. 在以下各选项中,不属于函数类别的是(　　)。

A. 统计　　B. 财务

C. 数据库　　D. 类型转换

61. 下列运算符在同一公式中时,运算优先级最高的是(　　)。

A. 算术运算　　B. 字符运算

C. 引用运算　　D. 比较运算

62. 在 WPS 表格中如果要修改计算的顺序,需把公式中首先计算的部分括在(　　)内。

A. 圆括号　　B. 双引号

C. 单引号　　D. 中括号

63. 在 WPS 表格中,函数的参数不可以是(　　)。

A. 文本　　B. 引用

C. 数值　　D. 图表

64. 在 WPS 表格中,假设 A1 单元格显示“你好”,B1 单元格显示“你好”,在 C1 单元格中输入公式“=A1=B1”之后,C1 单元格显示的是(　　)。

A. FALSE　　B. TRUE

C. 你好你好　　D. ERROR

65. 在 WPS 表格中,有工作表的单元格表示为:[学生成绩]Sheet1! A2。其含义是(　　)。

A. 学生成绩为工作表名,Sheet1 为工作簿名,A2 为单元格地址

B. 学生成绩为单元格地址,Sheet1 为工作表名,A2 为工作簿名

C. 学生成绩为工作簿名,Sheet1 为工作表名, A2 为单元格地址

D. 以上都不对

66. 在 WPS 表格中,在单元格的行号和列号前面加符号“$”代表绝对引用。绝对引用工作表 Sheet2 中从 A2 到 C5 区域的公式为(　　)。

A. Sheet2! A2:C5　　B. Sheet2! $A2:$C5

C. Sheet2! $A$2:$C$5　　D. Sheet2! A2:C5

67. 在 WPS 表格同一工作簿中，对工作表 Sheet1 中的单元格 D2，工作表 Sheet2 中的单元格 D2，工作表 Sheet3 中的单元格 D2 进行求和，并将结果放在工作表 Sheet4 中的单元格 D2 中，则正确的输入格式是(　　)。

A. ＝D2＋D2＋D2

B. ＝Sheet1D2＋Sheet2D2＋Sheet3D2

C. ＝Sheet1！D2＋Sheet2！D2＋Sheet3！D2

D. 以上都不对

68. 在 WPS 表格中，若把单元格 F2 中的公式“＝SUM($B$2:$E$2)”复制并粘贴到 G3 单元格中，则 G3 单元格中的公式为(　　)。

A. ＝SUM($B2:$E2)　　B. ＝SUM($B$2:$E$2)

C. ＝SUM($B$3:$E$3)　　D. ＝SUM(B$3:E$3)

69. 在 WPS 表格中，假定单元格 B2 的内容为身份证号 340101200405081417，则公式“＝MID(B2,7,4)”的值为(　　)。

A. 2004　　B. 0508

C. 3401　　D. 1417

70. 如果 WPS 表格某工作表存放的是数值数据，则在 B1 单元格中求区域 B2:B90 和 E2:E90 中最小值的计算公式是(　　)。

A. ＝MIN(B2:B90,E2:E90)　　B. ＝MIN(B2:E90)

C. ＝MIN(B90:E2)　　D. ＝MIN(B2,B90,E2,E90)

71. 在 WPS 表格中，假定 C2 单元格的数值为 75，则公式“＝IF(C2＞＝85,″优秀″,IF(C2＞＝60,″良好″,″不合格″))”的值为(　　)。

A. 优秀　　B. 良好

C. 不合格　　D. 以上都不对

72. 在 WPS 表格中，假定单元格 C2 和 C3 的值分别为 5 和 10，则公式“＝OR(C2＞＝5,C3＞8)”的值为(　　)。

A. TRUE　　B. FALSE

C. T　　D. F

73. 在 WPS 表格中，假定 A1 单元格显示文本为“美好”，B1 显示文本为“中国”，在 C1 单元格内输入公式“＝A1&B1”，则 C1 单元格显示的文本为(　　)。

A. A1&B1　　B. 美好 & 中国

C. 美好中国　　D. 中国美好

74. 在 WPS 表格中，输入公式“＝″DATE″&″TIME″”产生的结果是(　　)。

A. DATETIME

B. 系统当天的日期＋时间(如 20200406 8:00)

C. 逻辑值“TRUE”

D. 逻辑值“FLASE”

75. 在 WPS 表格中，下列公式表达有误的是(　　)。

A. ＝C1＊D1　　B. ＝C1/D1

C. =C1"AND"D1　　　　D. =AND(C1,D1)

76. WPS 表格中,在工作表的 D5 单元格中输入公式“=B5 * C5”,在第 2 行处插入一行,插入后 D6 单元格中的公式为(　　)。

A. =B5 * C5　　　　B. =B6 * C5

C. =B5 * C6　　　　D. =B6 * C6

77. WPS 表格中,在工作表的 D5 单元格中输入公式为“=SUM(D1:D4)”,删除第 2 行后,D4 单元格的公式将调整为(　　)。

A. #VALUE!　　　　B. =SUM(D1:D4)

C. =SUM(D2:D4)　　　　D. =SUM(D1:D3)

78. 在 WPS 表格中,假定某工作表的 B3:B7 单元格区域内保存的数值依次为 10、15、20、25 和 30,则公式“=AVERAGE(B3:B7)”的值为(　　)。

A. 15　　　　B. 20

C. 25　　　　D. 30

79. 在 WPS 表格中,假设 C4 单元格中显示数据为 20210001,若想提取数据 20210001 前四位数字 2021,则可使用(　　)函数。

A. RIGHT　　　　B. COUNT

C. LEFT　　　　D. IF

80. 在 WPS 表格中,假设存在“学生成绩表”,若要统计数学成绩在 90 分以上的人数,则可用(　　)函数。

A. SUM　　　　B. COUNTIF

C. SUMIF　　　　D. IF

81. 在 WPS 表格中,如果单元格 A2、A3、A4、A5 的内容分别为 2、3、4、=A2 * A3－A4,则 A2、A3、A4、A5 单元格实际显示内容分别是(　　)。

A. 2,3,4,2　　　　B. 2,3,4,3

C. 2,3,4,4　　　　D. 2,3,4,5

82. 在 WPS 表格中,假设单元格 C2 的值为 5,则公式“=IF(C2,C2+2,C2+3)”的结果为(　　)。

A. 0　　　　B. 7

C. 8　　　　D. 5

83. 在 WPS 表格中,假定 A2、B2、C2、D2 单元格的数值分别为 0、1、2、3,则公式“=IF(MIN(A2,B2), MAX(A2,B2), MAX(C2,D2))”的值为(　　)。

A. 0　　　　B. 1

C. 2　　　　D. 3

(六)“数据”选项卡

84. 在 WPS 表格中,已知 A1、A2、A3、A4 四个单元格中的数据分别为“王华”、“周晓明”、“张明亮”和“陈丽娟”,在默认情况下,按升序排序的结果为(　　)。

A. 周晓明、张明亮、王华、陈丽娟

B. 陈丽娟、王华、周晓明、张明亮

C. 陈丽娟、王华、张明亮、周晓明

D. 陈丽娟、张明亮、周晓明、王华

85. 在 WPS 表格中，按逻辑值的降序排序，(　　)。

A. FALSE 在 TRUE 之前　　B. TRUE 在 FALSE 之前

C. TRUE 和 FALSE 等值　　D. TRUE 和 FALSE 保持原始次序

86. 在 WPS 表格中，对数据清单中的数据进行降序排序时，下列叙述正确的是(　　)。

A. 数值中正数排在 0 的前面

B. 空格排在最前面

C. 对于文本中的字符，数字字符"9"排在字母字符"A"的前面

D. 逻辑值中的 TRUE 排在 FALSE 的后面

87. 在 WPS 表格中，关于区域名字的叙述不正确的是(　　)。

A. 同一个区域可以有多个名字

B. 一个区域名只能对应一个区域

C. 区域名可以与工作表中某一单元格地址相同

D. 区域的名字既能在公式中引用，也能作为函数的参数

88. 在 WPS 表格中，若要将学生成绩表中所有不及格的成绩标出来(比如用红色加粗显示)，应使用(　　)命令。

A. 查找　　B. 排序

C. 筛选　　D. 条件格式

89. 在 WPS 表格中，若要将工作表中某列上大于某个值的记录挑选出来，应使用(　　)。

A. 排序　　B. 筛选

C. 分类汇总　　D. 合并计算

90. 在 WPS 表格中，下列关于排序操作的叙述错误的是(　　)。

A. 排序可以对数值型字段进行排序，也可对于字符型字段进行排序

B. 排序可以选择字段值升序或降序进行

C. 用于排序的字段称为"关键字"，有且只能有一个关键字字段

D. 对于姓名，可以按拼音排序，也可按笔画进行排序

91. 在 WPS 表格降序排序中，排序列有空白单元格的行会被(　　)。

A. 放置在排序最后　　B. 放置在排序最前面

C. 不被排序　　D. 保持原始次序

92. 在 WPS 表格中，下面关于分类汇总的叙述正确的是(　　)。

A. 分类汇总前数据不需要按关键字字段排序

B. 分类汇总的汇总字段有且只有一个字段

C. 汇总方式只能是求和

D. 分类汇总可以删除，但删除汇总后排序操作不能撤销

93. 在 WPS 表格中，假设有一个职工工资表，要对职工工资按职称属性进行分类汇总，则在分类汇总前必须进行数据排序，所选择的关键字为(　　)。

A. 性别　　B. 职工号

C. 工资　　D. 职称

94. 在 WPS 表格中进行分类汇总,“选定汇总项”(　　)。

A. 只能是一个　　B. 只能是两个

C. 只能是三个　　D. 可以是多个

95. WPS 表格中有一学生成绩表,含有序号、姓名、班级、语文、数学、英语等列。若需统计各个班级的“语文”平均分、“数学”平均分及“英语”平均分,应对数据进行分类汇总,分类汇总前要对数据排序,排序的主要关键字应是(　　)。

A. 姓名　　B. 班级

C. 语文　　D. 数学

96. 在 WPS 表格中,关于“自动筛选”操作的描述,正确的是(　　)。

A. 数据经过自动筛选过后,不满足条件的数据被直接删除

B. 数据经过自动筛选过后,不满足条件的数据只是被隐藏,并未被删除

C. 自动筛选不能对数据进行排序

D. 自动筛选可以排序,但只能进行升序排序

(七)“视图”选项卡

97. 在 WPS 表格中,关于拆分窗口的描述,正确的选项是(　　)。

A. 只能进行水平拆分

B. 只能进行垂直拆分

C. 可以进行水平拆分和垂直拆分,但不能进行水平、垂直同时拆分

D. 可以进行水平拆分和垂直拆分,还可进行水平、垂直同时拆分

98. 在 WPS 表格的主窗口中,不显示“网格线”,可以通过(　　)选项卡来实现。

A. “开始”　　B. “页面布局”

C. “视图”　　D. “文件”

99. 在 WPS 表格中,需要执行“查看宏”操作,需要通过(　　)选项卡来实现。

A. “文件”　　B. “开始”

C. “数据”　　D. “视图”

100. 在 WPS 表格的主窗口中,可以通过状态栏来切换的视图是(　　)。

A. 普通视图　　B. 全屏显示

C. 分页预览　　D. 以上都是

101. 在 WPS 表格中,可以对当前工作表进行“隐藏”,下列关于隐藏当前工作表的说法,正确的是(　　)。

A. 被隐藏的工作表也可以“取消隐藏”　　B. 被隐藏的工作表被关闭

C. 被隐藏的工作表被删除　　D. 被隐藏的工作表将无法再被编辑

102. 在 WPS 表格中,通过“视图”选项卡不能完成(　　)操作。

A. 切换工作簿视图　　B. 打印预览

C. 冻结窗格　　D. 调整显示比例

103. 在 WPS 表格中关于"冻结窗格"的操作，不能完成的是(　　)。

A. 冻结首行　　B. 冻结首列

C. 冻结至指定行和列　　D. 冻结当前工作表

(八)综合应用

104. 在 WPS 表格中，下列选项的错误值及出错原因中，错误的是(　　)。

A. ＃＃＃＃＃(显示错误)　　B. ＃VALUE！(值错误)

C. ＃N/A(值不可用错误)　　D. ＃REF！(无效名称错误)

105. 下列关于 WPS 表格中"选择性粘贴"的叙述，错误的是(　　)。

A. 选择性粘贴可以只粘贴格式

B. 选择性粘贴只能粘贴数值型数据

C. 选择性粘贴可以将源数据的排序旋转 90°，即"转置"粘贴

D. 选择性粘贴可以只粘贴公式

106. 有关 WPS 表格中分页符的说法，正确的是(　　)。

A. 只能在工作表中加入水平分页符

B. 会按照纸张的大小、页边距的设置和打印比例的设定自动插入分页符

C. 插入的水平分页符不能被删除

D. 插入的水平分页符可以被打印出来

107. 在 WPS 表格中，若希望同时显示工作簿中的多个工作表，可以(　　)。

A. 在"视图"选项卡中先单击"新建窗口"按钮，再使用"重排窗口"或"并排比较"

B. 在"视窗"选项卡中单击"拆分窗口"按钮

C. 在"视窗"选项卡中直接单击"重排窗口"按钮

D. 不能实现此功能

108. 在 WPS 表格中，为工作簿设置打开密码的操作，错误的是(　　)。

A. 单击"文件"选项卡，单击"另存为"选项，弹出"另存文件"对话框，单击"加密"按钮，在"密码加密"对话框中设置"打开文件密码"，设置好文件名和文件类型，单击"保存"按钮

B. 单击"文件"选项卡，单击"文档加密"下的"密码加密"菜单项，在"密码加密"对话框中设置"打开文件密码"

C. 单击"文件"选项卡，单击"选项"命令，在"选项"对话框中单击"安全性"，在"密码保护"区域设置"打开文件密码"

D. 在"审阅"选项卡中单击"保护工作簿"命令

109. 在 WPS 表格中，关于打印输出的说法，正确的是(　　)。

A. 打印输出时不能设置页眉和页脚

B. 可以将数据表打印输出为 PDF 文件

C. 调整编辑状态下的缩放比例，将影响实际打印的大小

D. 调整"打印预览"状态下的"缩放比例"，并不影响实际打印的大小

110. 在 WPS 表格中，如果在工作簿中既有工作表又有图表，当执行"保存"命令时将(　　)。

A. 只保存其中的工作表

B. 只保存其中的图表

C. 把工作表和图表保存在一个文件中

D. 把工作表和图表分别保存在两个文件中

二、操作题

1. 新建一个如图 3-36 所示的工作簿文件，保存为“test1. et”。完成如下操作：

利达公司建筑材料销售统计（万元）					
销售地区	塑料	钢材	木材	水泥	搅拌机
东北区	4863	7243	3868	8642	7321
西北区	2340	6875	2586	4680	8648
西南区	6854	8864	4835	8123	5847
华中区	5828	7880	3642	6523	6234
华北区	3842	6780	2258	7826	7514
华南区	5286	6356	3268	5432	9841
合计	29013	43998	20457	41226	45405

图 3-36　操作题 1 操作结果

(1)将工作表 Sheet1 重命名为“建筑材料销售表”。

(2)将工作表中 A1:F1 单元格区域合并，设置字体为“黑体”，字号为“14”。

(3)在工作表中 A9 单元格输入内容“合计”，在第 9 行对应单元格使用 SUM 函数计算各种材料的销售量之和。

(4)设置表中 A2:F2 单元格区域的填充背景色为：标准色一蓝色(RGB 颜色模式：红色 0，绿色 112，蓝色 192)，文字颜色为：标准色一橙色(RGB 颜色模式：红色 255，绿色 192，蓝色 0)。

(5)设置工作表中 A2:F9 单元格区域边框为：单实线边框，文本对齐方式为“水平居中”。

(6)设置工作表中 A2:F9 单元格区域的行高为“16”，列宽为“9”。

(7)在工作表中对 A2:F8 单元格区域的数据根据“销售地区”列数值升序排序，排序方法为“笔画”。

(8)在工作表中选择 A2:B8 单元格区域制作折线图，图表的标题为“各地区塑料销售图”，添加数据标签。

2. 新建一个如图 3-37 所示工作簿文件，保存为“test2. et”。完成如下操作：

(1)将所有数据按“计算机”成绩降序排列。

(2)计算所有人的总分。(使用 SUM 函数)

(3)计算所有人的平均分。(使用 AVERAGE 函数)

姓名	语文	数学	英语	计算机	总分	平均分	总评
徐丽萍	65	78	70	90	303	75.75	合格
张东生	90	80	97	75	342	85.5	优秀
张化雨	67	88	76	67	298	74.5	合格
程辉	57	58	55	60	230	57.5	不合格
赵斌	83	56	60	55	254	63.5	合格
刘雨蝶	84	57	56	53	250	62.5	合格
郭南	94	58	55	96	303	75.75	合格
汪振华	96	95	90	86	367	91.75	优秀

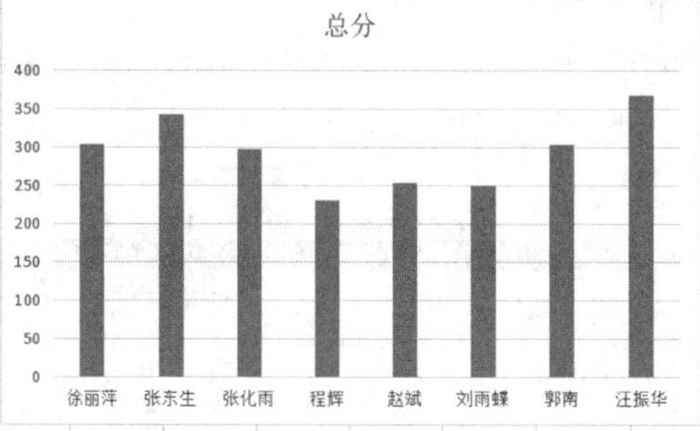

图 3-37　操作题 2 操作结果

(4)计算所有人的总评(分为“不合格、合格、优秀”三个等级)。要求:平均分小于 60 分的为“不合格”,60 到 85 分(不包含 85 分)的为“合格”,85 分以上的为“优秀”。(使用 IF 函数)

(5)设置 A1:H9 单元格区域为水平居中、垂直居中对齐。

(6)将工作表名改为“学生成绩表”。

(7)选择“姓名”和“总分”两列制作簇状柱形图表。

3. 新建一个如图 3-38 所示的工作簿文件,保存为“test3. et”。完成如下操作:

2021年4月份外事部门差旅费用报销明细				
日期	报销人	活动地点	地区	差旅费用金额
2021年4月3日	江丽	河北省XXXXXX	河北省	¥ 100.0
2021年4月4日	高元元	天津市XXXXXXXXX	天津市	¥ 2,500.0
2021年4月5日	王雅林	浙江省XXXXXX	浙江省	¥ 140.0
2021年4月13日	江丽	江西省XXX	江西省	¥ 200.0
2021年4月14日	徐亚楠	广东省XXXXXXXXX	广东省	¥ 345.0
2021年4月15日	高元元	天津市XXXXXX	天津市	¥ 22.0
2021年4月20日	江丽	上海市XXXXXX	上海市	¥ 246.0
2021年4月23日	王崇江	广东省XXXXXXXXX	广东省	¥ 388.0
2021年4月24日	高元元	北京市XXXX	北京市	¥ 29.0
差旅成本分析报告				
统计项目				统计信息
发生在广东省的差旅费用金额总计为:				¥ 733.00
差旅费用金额中,高元元的差旅费用总计为:				¥ 2,551.00
江丽总的出差次数为:				3

图 3-38　操作题 3 操作结果

(1)将工作表“Sheet1”重命名为“出差统计表”,工作表标签颜色设为标准色红色。

(2)将“出差统计表”工作表中标题“2021 年 4 月份外事部门差旅费用报销明细”设置成黑体、14 号、红色显示;标题“差旅成本分析报告”设置成楷体、14 号、蓝色显示。

(3)将“出差统计表”工作表中“差旅费用金额”列的所有单元格设置为会计专用,带人民币符号,保留 1 位小数的形式。

(4)在工作表中“地区”列(D3:D11)使用 LEFT 函数统计每个活动地点所在的省份或直辖市，填入所对应的单元格，例如：“北京市”“广东省”。

(5)在工作表 E15 单元格中使用 SUMIF 函数，统计发生在广东省的差旅费用总金额，并设置为保留 2 位小数带人民币符号的会计专用格式。

(6)在工作表 E16 单元格中使用 SUMIF 函数统计高元元的差旅费用的总计，并设置为保留 2 位小数带人民币符号的会计专用格式。

(7)在工作表 E17 单元格中使用 COUNTIF 函数统计江丽的出差次数。

4. 新建一个如图 3-39 所示的工作簿文件，保存为“test4. et”。完成如下操作：

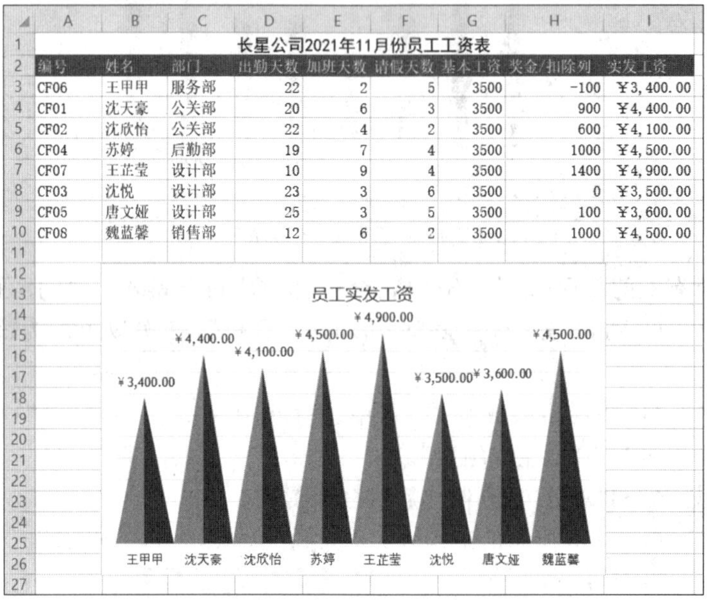

长星公司2021年11月份员工工资表								
编号	姓名	部门	出勤天数	加班天数	请假天数	基本工资	奖金/扣除列	实发工资
CF06	王甲甲	服务部	22	2	5	3500	-100	￥3, 400. 00
CF01	沈天豪	公关部	20	6	3	3500	900	￥4, 400. 00
CF02	沈欣怡	公关部	22	4	2	3500	600	￥4, 100. 00
CF04	苏婷	后勤部	19	7	4	3500	1000	￥4, 500. 00
CF07	王芷莹	设计部	10	9	4	3500	1400	￥4, 900. 00
CF03	沈悦	设计部	23	3	6	3500	0	￥3, 500. 00
CF05	唐文娅	设计部	25	3	5	3500	100	￥3, 600. 00
CF08	魏蓝馨	销售部	12	6	2	3500	1000	￥4, 500. 00

图 3-39　操作题 4 操作结果

(1)在 H3:H10 单元格区域利用公式计算员工的“奖金/扣除列”情况。(奖金/扣除列＝加班天数 * 200－请假天数 * 100，说明：加班按每天 200 元奖励，请假按每天 100 元扣除。)

(2)在 I3:I10 单元格区域中利用公式计算员工的实发工资。(实发工资＝基本工资＋奖金/扣除列)

(3)将部门相同的同志放在一起(按部门升序，排序方式为按拼音排序)，部门相同的，按出勤天数升序排序。

(4)设置实发工资一列(I3:I10)的格式为货币型格式，货币符号用人民币符号，保留 2 位小数。

(5)将工作表重命名为“长星公司工资表”。

(6)选择姓名和实发工资两列，制作三维簇状柱形图，设置图表标题为“员工实发工资”。

(7)将 A1:I1 单元格区域合并居中，设置字体为黑体，12 号；将 A2:I2 单元格区域设置为蓝色底纹，白色文字。

5. 新建一个如图 3-40 所示工作簿文件，保存为“text5. et”。完成如下操作：

	A	B	C	D	E	F	G	H
1	学生成绩表						统计表	
2	学号	姓名	平时分	期末分	总分		考试通过人数（总分>=60）：	8
3	20210001	丁宇虹	90	95	94		考试平均分：	81.15
4	20210002	李芷萱	60	55	57			
5	20210003	李佩	75	82	80		条件区	
6	20210004	李梦雨	86	92	90		总分	
7	20210005	李雪晴	100	99	99		>=90	
8	20210006	何星雨	95	94	94			
9	20210007	何淑桂	63	48	53			
10	20210008	陈静	99	98	98			
11	20210009	季晶平	90	62	70			
12	20210010	金苗妙	78	76	77			
13								
14	学号	姓名	平时分	期末分	总分			
15	20210001	丁宇虹	90	95	94			
16	20210004	李梦雨	86	92	90			
17	20210005	李雪晴	100	99	99			
18	20210006	何星雨	95	94	94			
19	20210008	陈静	99	98	98			
20								

图 3-40　操作题 5 操作结果

(1)将 A1:E1 单元格区域合并居中，设置字体为黑体、14 号。

(2)将学号所在列 A3:A12 单元格区域格式改为文本格式。

(3)将 A2:E12 单元格区域设置成水平居中、垂直居中显示。

(4)用公式计算每个人的总分(总分＝平时分 * 30％＋期末分 * 70％)，并设置总分列为数值型，保留 0 位小数。

(5)在 H2 单元格中使用 COUNTIF 函数统计考试通过(总分＞＝60)学生人数；在 H3 单元格中使用 AVERAGE 函数计算学生总分的平均分。

(6)将当前工作表重命名为“学生成绩表”。

(7)使用高级筛选，筛选出总分大于或等于 90 分的学生成绩数据(要求：筛选区域选择(A2:E12)的所有数据，筛选条件写在以 G6 单元格为起始位置的区域，筛选结果复制到以 A14 单元格为起始位置的区域)。

6. 新建一个如图 3-41 所示的工作簿文件，保存为“test6. et”。完成如下操作：

	A	B	C	D	E	F
1	超市8月份销售情况表					
2	产品名称	产品类别	单价（元）	销售量	销售额	销售额排名
3	蛋糕	点心	9.5	170	1615.00	14
4	薯条	点心	20	208	4160.00	8
5	玉米饼	点心	16.25	158	2567.50	11
6		点心 汇总		536	8342.50	
7	燕麦	谷类	9	96	864.00	16
8	白米	谷类	38	115	4370.00	7
9	小米	谷类	19.5	71	1384.50	15
10		谷类 汇总		282	6618.50	
11	龙虾	海鲜	53	115	6095.00	6
12	雪鱼	海鲜	9.5	90	855.00	17
13	海参	海鲜	13.25	164	2173.00	12
14		海鲜 汇总		369	9123.00	
15	苹果汁	日用品	18	93	1674.00	13
16	光明奶酪	日用品	55	118	6490.00	5
17	麻油	日用品	28.5	92	2622.00	10
18		日用品 汇总		303	10786.00	
19	鸡肉	肉类	7.45	81	603.45	18
20	鸭肉	肉类	24	154	3696.00	9
21		肉类 汇总		235	4299.45	
22		总计		1725	39169.45	
23						

图 3-41　操作题 6 操作结果

(1)将 A1:F1 单元格区域合并居中,设置标准色蓝色背景,白色文字。

(2)在销售额列用公式计算各商品销售额,并设置 E3:E16 单元格区域为数值型,保留 2 位小数。(公式:销售额=单价(元)×销售量)

(3)将 A2:F16 单元格区域设置成单实线边框,对齐方式为水平居中、垂直居中。

(4)在不改变原有数据顺序的情况下,使用 RANK 函数按销售额计算销售额排名。

(5)对表中通过分类汇总功能按产品类别求出各项产品的销售量和销售额的合计,并将每组结果分页显示。(分类字段为产品类别,汇总方式为销售量和销售额的求和)

(6)将工作表 Sheet1 名称改为“产品销售情况”。

模块 4
WPS 演示软件的使用

实验 1　应用幻灯片版式

实验目的

掌握幻灯片版式和幻灯片设计使用方法。

实验内容及步骤

选中需要更改的幻灯片，然后单击“开始”→“版式”下拉按钮，在弹出的“版式”下拉列表中选择一种版式后，应用于当前幻灯片，如图 4-1 所示。

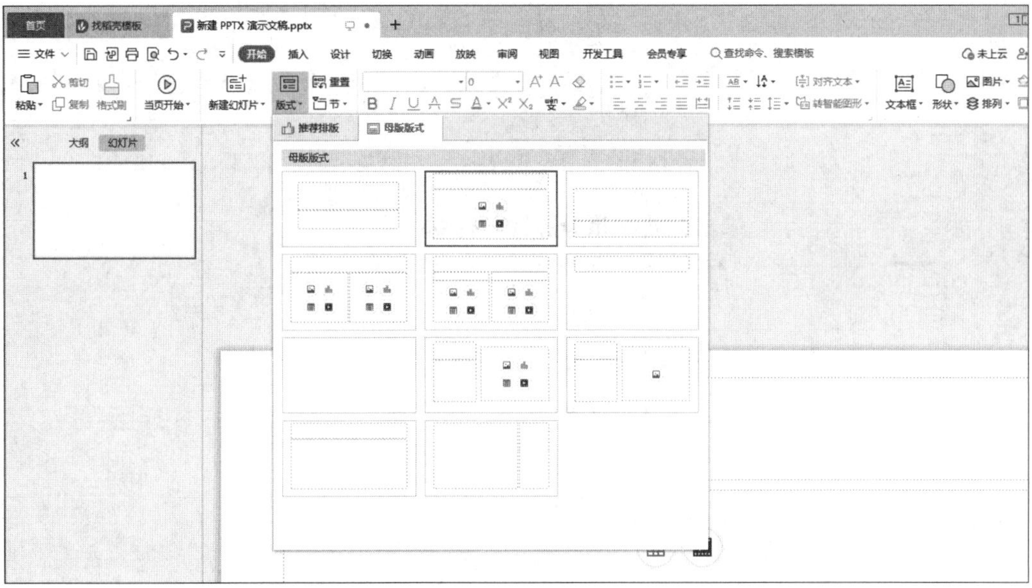

图 4-1　“版式”下拉列表

实验 2　母版的使用

实验目的

掌握母版的使用方法。

实验内容及步骤

如图 4-2 所示，单击“视图”→“幻灯片母版”按钮，打开幻灯片母版视图，如图 4-3 所示，对标题母版和幻灯片母版进行设置后，单击“幻灯片母版”→“关闭”→“关闭母版视图”按钮，返回到演示文稿编辑界面。

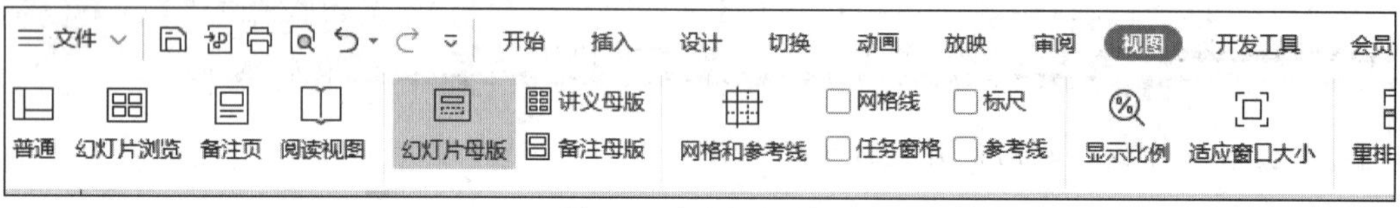

图 4-2　“视图”选项卡

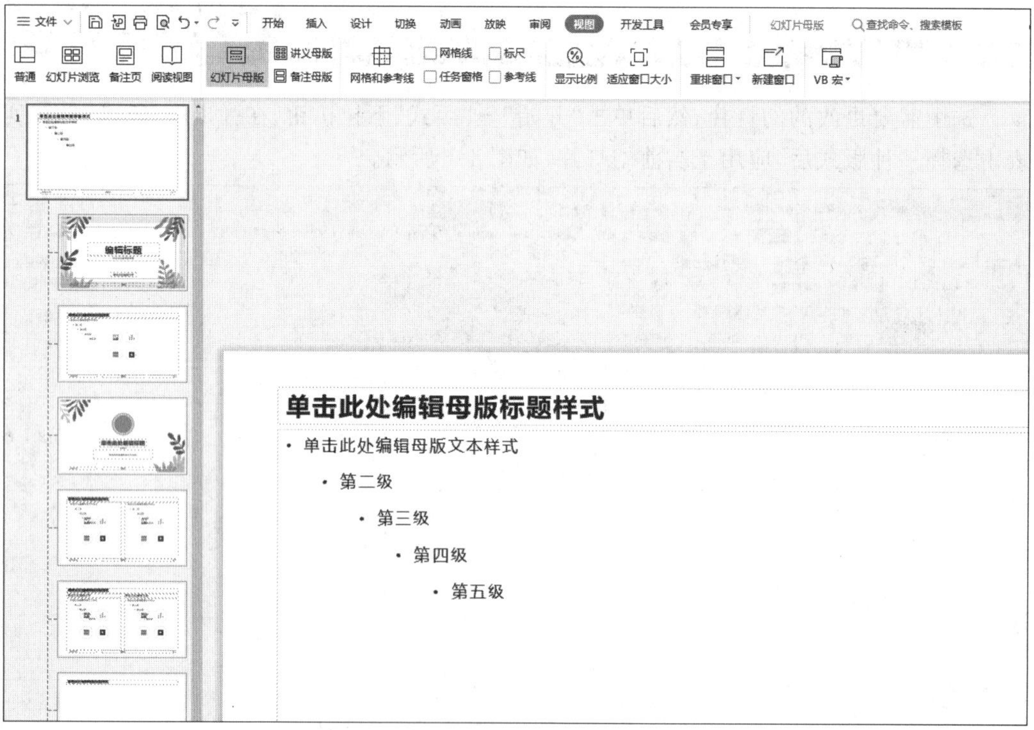

图 4-3　“幻灯片母版”视图

实验 3　超链接和动作的使用

实验目的

掌握超链接和动作的使用方法。

实验内容及步骤

1. 超链接

①选中要设置超链接的文本或者图形、图片等对象，右击，在弹出的快捷菜单中选择“超链接”命令，如图 5-4 所示。

②或单击“插入”→“超链接”按钮，如图 5-5 所示，打开“插入超链接”对话框，选择链接对象或位置，单击“确定”按钮完成设置，如图 5-6 所示。

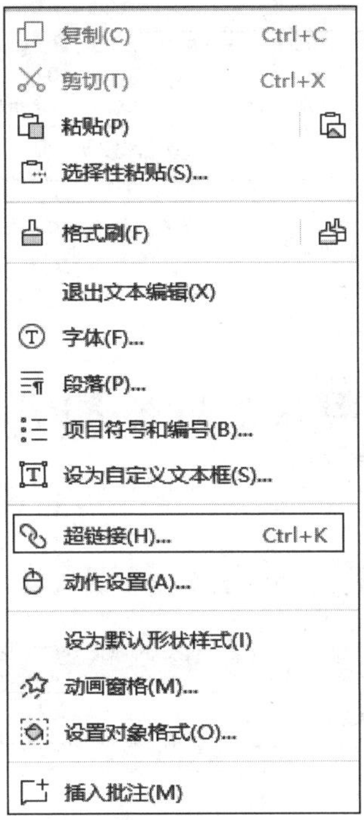

图 4-4　“超链接”快捷菜单

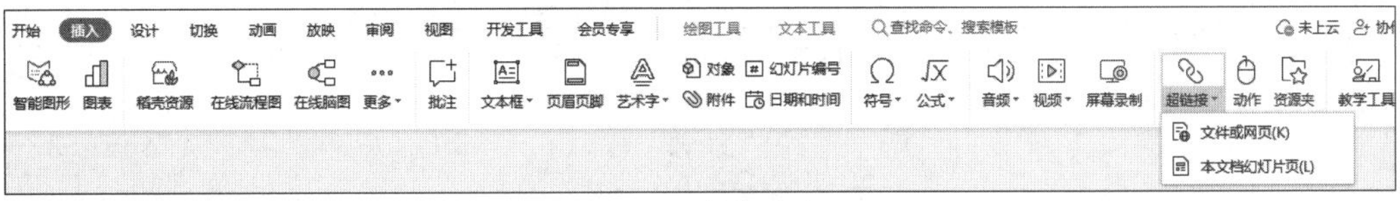

图 4-5 “超链接”按钮

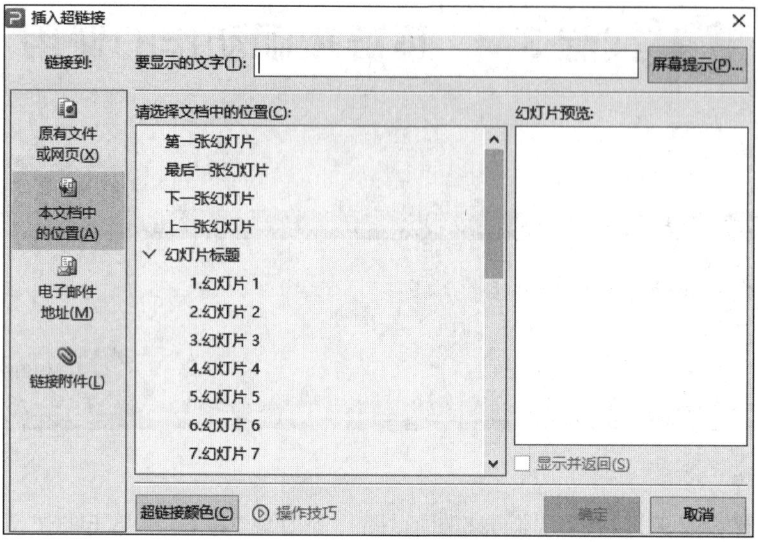

图 4-6 "插入超链接"对话框

2. 动作

单击"插入"→"动作"按钮,如图 4-7 所示,打开"动作设置"对话框,为选择的对象设置动作,如图 4-8 所示。

图 4-7 "动作"按钮

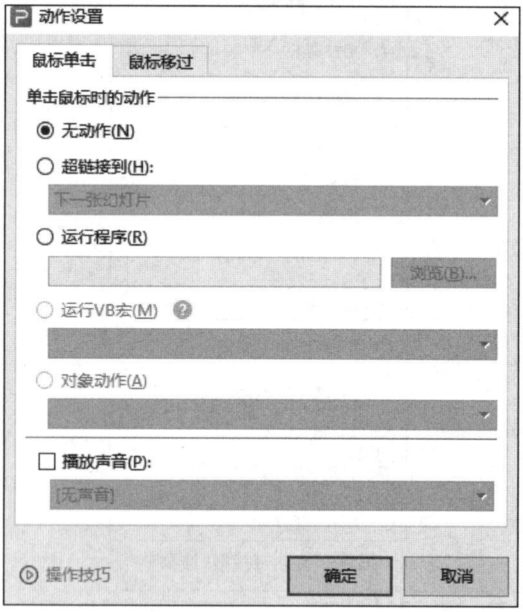

图 4-8 "动作设置"对话框

实验 4 音频、视频和对象的使用

实验目的

掌握音频、视频和对象的使用方法。

实验内容及步骤

1. 音频

(1)文件中的音频

单击“插入”→“音频”下拉按钮,在弹出的下拉列表中选择“嵌入音频”选项,打开“插入音频”对话框,如图 49 所示。选择一个声音文件后,单击“打开”按钮完成文件中的音频插入,并可在“播放”选项卡中对音频文件播放参数进行设置。

图 4-9 “插入音频”对话框

(2)录制音频

单击“插入”→“音频”下拉按钮,在弹出的下拉列表中选择“录制音频”选项,打开“录制声音”对话框,完成录音后单击“确定”按钮,如图 4-10 所示。

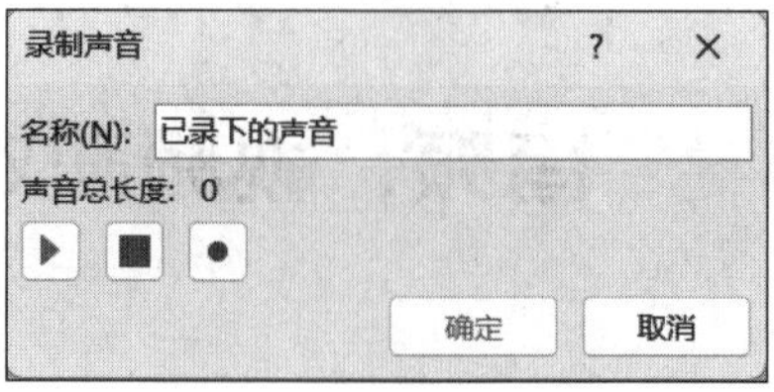

图 4-10 “录制声音”对话框

2. 视频

视频的使用方法和音频的使用方法基本相同，在此不再赘述。

3. 对象

单击“插入”→“对象”按钮，如图 4-11 所示。打开“插入对象”对话框，如图 4-12 所示。选择需要插入的对象，单击“确定”按钮后弹出相关的对象编辑和设置对话框，完成对象的编辑和设置后返回演示文稿，如图 4-13 所示。

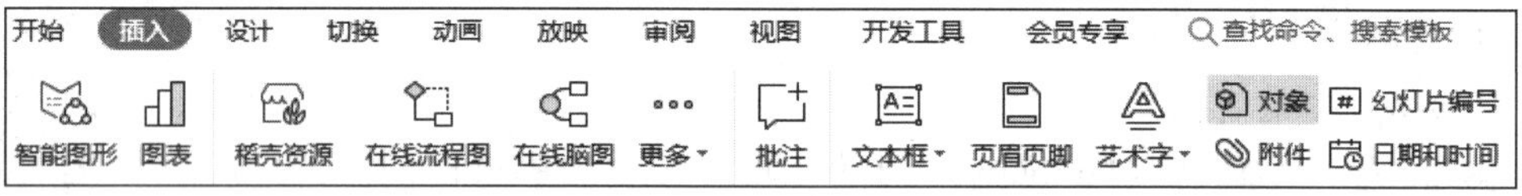

图 4-11 “对象”按钮

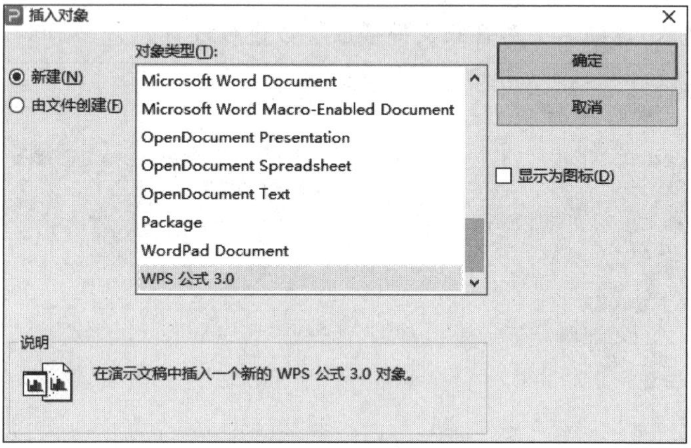

图 4-12 “插入对象”对话框

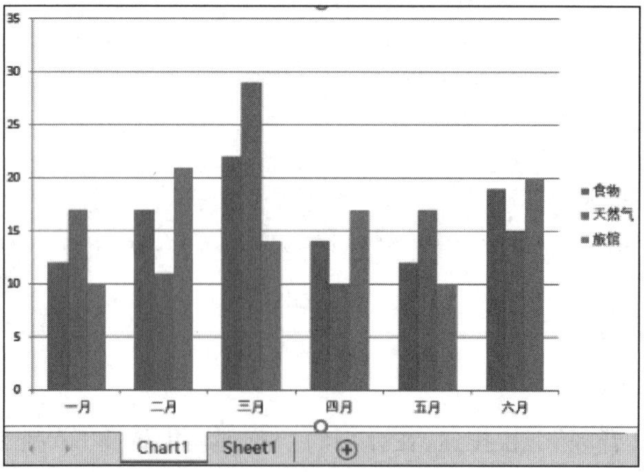

图 4-13 图表编辑

实验 5 自定义动画和幻灯片切换动画的设置

实验目的

掌握自定义动画和幻灯片切换的设置方法。

实验内容及步骤

1. 自定义动画

选中要添加动画的对象，在“动画”选项卡“动画”选项组中选择一种动画，然后在下拉列表中选择一种效果，如图 4-14 所示。可在“高级动画”和“计时”选项组中对动画进行详细的参数设置。

图 4-14 “动画”选项卡

2. 幻灯片切换动画

选中要设置的幻灯片，在“切换”选项卡“切换到此幻灯片”选项组中选择一种切换方案，然后单击“效果选项”下拉按钮，在弹出的“效果选项”下拉列表中选择一种效果，如图 4-15 所示。还可在“切换”选项卡的“计时”选项组中设置动画应用范围和切换方式等，最后完成切换动画的设置。

图 4-15 “切换”选项卡

习题及分析

一、单项选择题

1. WPS 演示文稿的扩展名是(　　)。

A. . dps　　　　B. . xls

C. . pot　　　　D. . pps

分析：WPS 演示文稿的扩展名是. dps。此外，用户在保存演示文稿的时候，也可以根据需要保存成扩展名为. pps 的放映文件或. pot 的设计模板文件，或 Microsoft

PowerPoint 演示文稿(.ppt 或者.pptx)。

【答案:A】

2. 在 WPS 演示中,要修改"配色方案",应选择的选项卡是(　　)。

A. "开始"　　B. "视图"

C. "设计"　　D. "切换"

分析: 在 WPS 演示中,选择"设计"选项卡→"配色方案"命令,打开"配色方案"面板,选择一种配色方案并单击鼠标,配色方案将应用于所有幻灯片。

【答案:C】

3. 在 WPS 演示中,一键美化功能按钮在(　　)位置。

A. "动画"选项卡　　B. "设计"选项卡

C. "切换"选项卡　　D. 幻灯片底部

分析: 一键美化是幻灯片设计的黑科技,可以根据幻灯片的内容进行智能识别与设计,将常用的文字、图片、表格等幻灯片对象进行智能排版与匹配。选中需要一键美化的幻灯片,单击幻灯片底部的"一键美化"按钮,WPS 将进行自动排版,达到美化效果。

【答案:D】

4. 在 WPS 演示中,为实现图片的创意裁剪,可以使用(　　)功能。

A. 一键美化　　B. 魔法功能

C. 自定义动画　　D. 切换效果

分析: 选中包含图片的幻灯片,单击幻灯片底部的"一键美化"按钮,在弹出的面板中选择"创意裁剪",WPS 自动对图片进行美化处理,从中选择一个合适的裁剪样式。

【答案:A】

5. 在 WPS 演示中,新建一张幻灯片的操作为(　　)。

A. 依次选择"文件"→"新建"菜单命令

B. 依次选择"插入"→"新幻灯片"菜单命令

C. 单击快速访问工具栏中的"新建"按钮

D. 依次选择"开始"→"新建幻灯片"

分析: 依次选择"开始"→"新建幻灯片"将插入一张新幻灯片,同时在"幻灯片"组中,可以设置幻灯片的版式,一张新幻灯片即可插入当前演示文稿。

【答案:D】

6. 放映 WPS 演示当前幻灯片页的快捷键是(　　)。

A. F5　　B. Shift+F5

C. Ctrl+F5　　D. Alt+F5

分析: 使用快捷键,按 F5 键,从头开始放映;按"Shift+F5"快捷键从当前页开始放映。

【答案:B】

7. 在 WPS 演示中,动态数字功能在(　　)位置。

A. "开始"选项卡　　B. "切换"选项卡

C. "动画"选项卡　　D. "视图"选项卡

分析:打开幻灯片,添加一个包含数字的文本框,选中此文本框,选择“动画”选项卡,在动画预览的窗口中选择“动态数字”动画,鼠标单击,即可将数字动画添加到刚才的数字文本框上。

【答案:C】

8. 在 WPS 演示中打开文件,以下正确的是(　　)。

A. 只能打开 1 个文件

B. 最多能打开 4 个文件

C. 能打开多个文件,但不可以同时将它们打开

D. 能打开多个文件,可以同时将它们打开

分析:在 WPS 演示中,能打开多个文件,也可以同时将它们打开。该特点与 WPS 文字相似。

【答案:D】

9. 在 WPS 演示中,如果希望在演示过程中终止幻灯片的演示,则随时可按(　　)快捷键实现。

A. Delete　　B. Ctrl+E

C. Esc　　D. Shift+C

分析:在幻灯片的放映过程中,若要终止放映,可按 Esc 键。也可右击幻灯片,在弹出的快捷菜单中选择“结束放映”命令。

【答案:C】

10. 在 WPS 演示中,能出现“排练计时”按钮的选项卡是(　　)。

A. 动画　　B. 切换

C. 开始　　D. 幻灯片放映

分析:依次选择“幻灯片放映”→“排练计时”菜单命令,在屏幕上除显示幻灯片外,还有一个“预演”对话框,当幻灯片放映时间到,准备放映下一张幻灯片时,单击带有箭头的换页按钮,即开始记录下一张幻灯片的放映时间。设置好幻灯片的放映时间以后,就可以按设置的时间进行自动放映。

【答案:D】

补充练习

一、单项选择题

(一)WPS 演示工具栏、主窗口等

1. WPS 演示主窗口表述正确的是(　　)。

A. 选项卡和菜单相同

B. 功能区不可以隐藏

C. 可以显示任务窗格

D. 快速访问工具栏中的按钮是固定不变的

2. 下列选项中,不属于 WPS 演示窗口部分的是(　　)。

A. 幻灯片区域　　B. 大纲区域

C. 备注区域　　D. 播放区域

3. 在 WPS 演示中,演示文稿由(　　)组合而成。

A. 文本框　　B. 图形

C. 幻灯片　　D. 版式

4. 在 WPS 演示中,在浏览模式下,选择单张幻灯片用(　　)鼠标的方式。

A. 单击　　B. 双击

C. 拖放　　D. 右击

5. 在 WPS 演示中,在浏览模式下,选择不连续的多张幻灯片需要按住(　　)键。

A. Shift　　B. Ctrl

C. T　　D. Alt

6. 在 WPS 演示中,下列图标一般不属于快速访问工具栏的是(　　)。

A. 打开　　B. 保存

C. 撤销　　D. 插入

7. 在 WPS 演示中,以下说法正确的是(　　)。

A. 可以将演示文稿中选定的信息链接到其他演示文稿幻灯片中的任何对象

B. 可以对幻灯片中的对象设置播放动画的时间顺序

C. WPS 演示文稿的缺省扩展名为. pot

D. 在一个演示文稿中能同时使用不同的模板

(二)"文件"选项卡

8. 在 WPS 演示中,要将制作好的 PPT 打包,应在(　　)选项卡中操作。

A. "开始"　　B. "插入"

C. "文件"　　D. "设计"

9. 在 WPS 演示中已经打开了 A. pptx 演示文稿,又进行了"新建"操作,则(　　)。

A. A. pptx 被关闭　　B. A. pptx 和新建文稿均处于打开状态

C. "新建"操作失败　　D. A. pptx 被保存后关闭

10. 当在 WPS 演示中,保存演示文稿时,出现"另存文件"对话框,则说明(　　)。

A. 该文件保存时不能用该文件原来的文件名

B. 该文件不能保存

C. 该文件未保存过

D. 需要对该文件保存备份

11. 在 WPS 演示中,在"文件"→"最近使用文件"所显示的文件名是(　　)。

A. 正在使用的文件名　　B. 正在打印的文件名

C. 扩展名为 PPT 的文件名　　D. 最近被 WPS 演示处理过的文件名

12. 若将 WPS 演示文稿保存成只能播放不能编辑的演示文稿,操作方法是(　　)。

A. 将"另存文件"对话框中的"保存类型"选择为"演示文稿"

B. 将"另存文件"对话框中的"保存类型"选择为"网页"

C. 将“另存文件”对话框中的“保存类型”选择为“演示文稿设计模板”

D. 将“另存文件”对话框中的“保存类型”选择为“PowerPoint 放映”

13. 在 WPS 演示中使用(　　)来编写宏。

A. Java　　B. Visual Basic

C. JavaScript　　D. C++

(三)“开始”选项卡

14. WPS 演示中文字排版没有的对齐方式是(　　)。

A. 居中对齐　　B. 分散对齐

C. 右对齐　　D. 向上对齐

15. 在 WPS 演示中,不可以在“字体”对话框中进行的设置是(　　)。

A. 文字颜色　　B. 文字对齐方式

C. 文字字体　　D. 文字大小

16. 在 WPS 演示中不属于文本占位符的是(　　)。

A. 标题　　B. 副标题

C. 图表　　D. 普通文本框

17. 在 WPS 演示中,选择全部演示文稿时,可用(　　)快捷键。

A. Ctrl+A　　B. Ctrl+S

C. F3　　D. F4

18. 在 WPS 演示中,在当前演示文稿中插入一张新幻灯片的操作错误的是(　　)。

A.“文件”→“新建幻灯片”　　B.“开始”→“新建幻灯片”

C.“插入”→“新建幻灯片”　　D. 选中幻灯片→按 Enter 键

19. 在 WPS 演示中,在新增一张幻灯片操作中,可能的默认幻灯片版式是(　　)。

A. 标题和表格　　B. 标题和图表

C. 标题和文本　　D. 空白版式

20. 在 WPS 演示中,如果对一张幻灯片使用系统提供的版式,对其中各个对象的占位符(　　)。

A. 能用具体内容去替换,不可删除

B. 不能移动位置,也不能改变格式

C. 可以删除不用,也可以在幻灯片中插入新的对象

D. 可以删除不用,但不能在幻灯片中插入新的对象

21. WPS 演示中占位符的作用是(　　)。

A. 为文本图形等预留位置　　B. 限制插入对象的数量

C. 表示图形的大小　　D. 显示文本的长度

22. 在 WPS 演示中,演示文稿中每张幻灯片都是基于某种(　　)创建的,它预定义了新建幻灯片的各种占位符布局情况。

A. 视图　　B. 版式

C. 母版　　D. 模板

23. 若要对当前幻灯片更换一种 WPS 演示幻灯片的版式，下列操作错误的是(　　)。

A. 右击缩略图窗格中的幻灯片后选择“版式”

B. “开始”→“版式”

C. “设计”→“版式”

D. “视图”→“幻灯片”→“版式”

24. 在 WPS 演示中，安排幻灯片对象的布局可选择(　　)来设置。

A. 配色方案　　B. 应用设计模板

C. 背景　　D. 幻灯片版式

25. 在 WPS 演示中，将某张幻灯片版式更改为“竖标题和文本”，错误的操作是(　　)。

A. “文件”→“格式”→“幻灯片版式”　　B. “开始”→“版式”

C. “设计”→“版式”　　D. 选择“视图”→“幻灯片”→“版式”

26. 将 WPS 演示幻灯片中的所有汉字“电脑”都更换为“计算机”应使用的操作是(　　)。

A. 选择“文件”→“替换”　　B. 选择“开始”→“替换”

C. 选择“编辑”→“替换”　　D. 选择“设计”→“编辑”→“替换”

27. 在 WPS 演示中，当把一张幻灯片中的某文本行降级时，(　　)。

A. 降低了该行的重要性　　B. 使该行缩进一个大纲层

C. 使该行缩进一个幻灯片层　　D. 增加了该行的重要性

(四)“插入”选项卡

28. 在 WPS 演示中，不可以插入(　　)。

A. 超链接　　B. 附件

C. 表格　　D. 切换和动画

29. 在 WPS 演示中，对于幻灯片中插入的声音文件，可以选择的播放设置是(　　)。

A. 只能设定为自动播放　　B. 只能设定为手动播放

C. 可以自动也可以手动播放　　D. 取决于放映者的放映操作流程

30. 在 WPS 演示中，对插入的图片、自选图形等进行格式化时，先选中该图片对象，再选取“(　　)”选项卡中对应的命令完成。

A. 视图　　B. 插入

C. 图片工具　　D. 窗口

31. 在 WPS 演示中，在绘制矩形图形时按住(　　)键，所绘制图形为正方形。

A. Shift　　B. Ctrl

C. Delete　　D. Alt

32. 在 WPS 演示中，将一个幻灯片上多个已选中自选图形组合成一个复合图形，使用“(　　)”选项卡。

A. 开始　　B. 插入

C. 动画　　D. 图片工具

33. 在 WPS 演示中，当绘制图形时，如果画一条水平、垂直或者 45° 倾角的直线，在拖动鼠标时，需要按在(　　)键。

A. Ctrl　　B. T

C. Shift　　D. F4

34. 在 WPS 演示中，当选定图形对象时，如果选择多个图形，需要按住(　　)键，再用鼠标单击要选择的图形。

A. Alt　　B. Ctrl

C. T　　D. F1

35. 在 WPS 演示中，当改变图形对象的大小时，如果要保持图形的比例，拖动控制句柄的同时要按住(　　)键。

A. Ctrl　　B. Ctrl＋Shift

C. Shift　　D. T

36. 在 WPS 演示中，当改变图形对象的大小时，如果要以图形对象的中心为基点进行缩放，要按住(　　)键。

A. Ctrl　　B. Shift

C. Ctrl＋E　　D. Ctrl＋Shift

37. 在 WPS 演示中，当需要为演示文稿的幻灯片添加页眉和页脚时，可使用(　　)选项卡下的“页眉和页脚”命令。

A. 视图　　B. 开始

C. 插入　　D. 格式

38. 在 WPS 演示中，在幻灯片中插入声音后，幻灯片中将出现(　　)。

A. 喇叭标志　　B. 一段文字说明

C. 链接说明　　D. 链接按钮

39. 在 WPS 演示中，在放映幻灯片时，如果需要从第 2 张幻灯片切换至第 5 张幻灯片，应(　　)。

A. 在制作时建立第 2 张幻灯片转至第 5 张幻灯片的超链接

B. 停止放映，双击第 5 张幻灯片后再放映

C. 放映时双击第 5 张幻灯片后再放映

D. 右击幻灯片，在快捷菜单中选择第 5 张幻灯片

40. 在 WPS 演示中，一名同学要在当前幻灯片中输入“你好”字样，操作的第一步是(　　)。

A. 选择“开始”→“幻灯片”→“新建幻灯片”

B. 选择“开始”→“文本”→“文本框”

C. 选择“插入”→“文本框”

D. 选择“设计”→“文本”→“文本框”

41. 在 WPS 演示中，制作一份名为“我的爱好”的演示文稿，要插入一张名为“j1.jpg”的照片，操作是(　　)。

A. 选择“编辑”→“图像”→“图片”　　B. 选择“插入”→“图片”

C. 选择“插入”→“文本”→“图片”　　D. 选择“设计”→“图像”→“图片”

42. WPS 演示中有多种插入图片的方式，下面不属于其中的插入图片方式是(　　)。

A. 本地图片　　B. 分页插图

C. 剪贴图　　D. 手机传图

43. 在 WPS 演示中，要为所有幻灯片添加编号，下列方法中正确的是(　　)。

A. 选择“编辑”→“文本”→“幻灯片编号”　　B. 选择“插入”→“符号”→“图片”

C. 选择“插入”→“幻灯片编号”　　D. 选择“设计”→“文本”→“幻灯片编号”

44. 在 WPS 演示中插入的页脚，下列说法中正确的是(　　)。

A. 不能进行格式设置　　B. 每一页幻灯片上都必须显示

C. 其中的内容不能是日期　　D. 插入的日期和时间可以更新

45. 在 WPS 演示中，下列关于幻灯片版式说法正确的是(　　)。

A. 在“标题和文本”版式中不可以插入图片

B. 图片只能插入空白版式中

C. 任何版式中都可以插入图片

D. 图片只能插入“图片与标题”版式中

(五)“设计”选项卡

46. WPS 演示的“设计”选项卡不包含(　　)。

A. 幻灯片版式　　B. 幻灯片背景颜色

C. 幻灯片配色方案　　D. 幻灯片母版

47. 在 WPS 演示中，为幻灯片重新设置背景，若要让所有幻灯片使用相同背景，则应在“对象属性”任务窗格中单击“(　　)”按钮。

A. 全部应用　　B. 应用

C. 取消　　D. 预览

48. 在 WPS 演示中，关于“设计方案”说法错误的是(　　)。

A. 可以选择在线设计方案　　B. 可以选择我的设计方案

C. 所选择方案必须应用于全部幻灯片　　D. 可以应用在线方案中的部分幻灯片

49. 在 WPS 演示中，在设置背景的“对象属性”任务窗格中不可以设置(　　)。

A. 幻灯片的填充为“纯色填充”　　B. 幻灯片的填充为“图案填充”

C. “隐藏背景图形”　　D. 默认主题

50. 在 WPS 演示中，在“页面设置”对话框中不可以设置(　　)。

A. 幻灯片高度　　B. 幻灯片的方向

C. 幻灯片编号起始值　　D. 页边距

(六)“切换”选项卡

51. 在 WPS 演示中，幻灯片之间的切换效果，通过“(　　)”选项卡中的命令来设置。

A. 设计　　B. 动画

C. 幻灯片放映　　D. 切换

52. 在 WPS 演示中，要设置每张幻灯片的播放时间，需要对演示文稿进行的操作是(　　)。

A. 自定义动画　　B. 录制旁白

C. 幻灯片切换设置　　D. 排练计时

53. 在 WPS 演示中，在幻灯片间切换中，可以设置幻灯片切换的(　　)。

A. 幻灯片方向　　B. 强调效果

C. 退出效果　　D. 换片方式

54. 在 WPS 演示中，若要使幻灯片在播放时能每隔 3 秒自动转到下一页，应选择"切换"选项卡下的(　　)。

A. 自定义　　B. "计时"→"持续时间"

C. "换片"→"换片方式"　　D. 自动换片

55. 在 WPS 演示中，如果要从前一张幻灯片"溶解"到当前幻灯片，应使用(　　)选项卡来设置。

A. 动画　　B. 开始

C. 切换　　D. 幻灯片放映

(七)"动画"选项卡

56. 在 WPS 演示中，当幻灯片内插入图片、表格、艺术字等难以区分层次的对象时，可用(　　)定义各对象的显示顺序和动画效果。

A. 动画效果　　B. 动作按钮

C. 添加动画　　D. 动画预览

57. 在 WPS 演示中，创建幻灯片的动画效果时，应选择"(　　)"选项卡。

A. 动画　　B. 动作设置

C. 动作按钮　　D. 幻灯片放映

58. 在 WPS 演示动画中，不可以设置(　　)。

A. 动画效果　　B. 时间和顺序

C. 动画的循环播放　　D. 放映类型

59. 在对 WPS 演示中进行自定义动画设置时，可以改变的是(　　)。

A. 幻灯片中某一对象的动画效果　　B. 幻灯片的背景

C. 幻灯片切换的速度　　D. 幻灯片的页眉和页脚

60. 在 WPS 演示中，要想使幻灯片内的标题、图片、文字等按用户要求顺序出现，应进行的设置是(　　)。

A. 幻灯片切换　　B. 自定义动画

C. 幻灯片设计　　D. 幻灯片放映

(八)"幻灯片放映"选项卡

61. 在 WPS 演示中，如果要求幻灯片能够在无人操作的环境下自动播放，应该事先对演示文稿进行(　　)。

A. 自动放映　　B. 排练计时

C. 存盘　　D. 打包

62. 在 WPS 演示中，从头开始放映幻灯片的快捷键是（　　）。

A. F6　　B. Shift+F6

C. F5　　D. Shift+F5

63. 在 WPS 演示中，如果希望在演示文稿的播放过程中终止幻灯片的演示，随时可按的终止键是（　　）键。

A. End　　B. Esc

C. Ctrl+E　　D. Ctrl+C

64. 在 WPS 演示幻灯片的放映过程中，以下说法错误的是（　　）。

A. 按 B 键可实现黑屏暂停　　B. 按 W 键可实现白屏暂停

C. 单击鼠标右键可以暂停放映　　D. 放映过程中不能暂停

65. 在 WPS 演示中，若一个演示文稿中有三张幻灯片，播放时要跳过第二张放映，可以的操作是（　　）。

A. 取消第二张幻灯片的切换效果　　B. 隐藏第二张幻灯片

C. 取消第一张幻灯片的动画效果　　D. 只能删除第二张幻灯片

66. WPS 演示中，要隐藏某个幻灯片，应（　　）。

A. 选择“工具”→“隐藏幻灯片”命令

B. 选择“开始”→“隐藏幻灯片”命令

C. 选择“插入”→“隐藏幻灯片”命令

D. 选择“幻灯片放映”→“隐藏幻灯片”命令

67. 在 WPS 演示的普通视图中，使用“隐藏幻灯片”后，被隐藏的幻灯片将会（　　）。

A. 从文件中删除

B. 在幻灯片放映时不放映，但仍然保存在文件中

C. 在幻灯片放映时仍然可放映，但是幻灯片上的部分内容被隐藏

D. 在普通视图的编辑状态中被隐藏，不能编辑内容

68. 在 WPS 演示中，幻灯片放映的扩展名是（　　）。

A. .pptx　　B. .potx

C. .ppzx　　D. .ppsx

（九）“视图”选项卡

69. WPS 演示提供了（　　）种演示文稿视图。

A. 4　　B. 6

C. 3　　D. 5

70. 在 WPS 演示中，能编辑幻灯片中图片对象的是（　　）。

A. 备注页视图　　B. 普通视图

C. 幻灯片放映视图　　D. 幻灯片浏览视图

71. 在 WPS 演示各种视图中，可以同时浏览多张幻灯片，便于选择、添加、删除、移动幻灯片等操作是（　　）。

A. 备注页视图　　B. 幻灯片浏览视图

C. 普通视图　　D. 幻灯片放映视图

72. 在 WPS 演示的普通视图左侧的大纲窗格中,可以修改的是(　　)。

A. 占位符中的文字　　B. 图表

C. 自选图形　　D. 文本框中的文字

73. 在 WPS 演示中,调整幻灯片顺序或复制幻灯片使用(　　)视图最方便。

A. 备注　　B. 幻灯片

C. 幻灯片放映　　D. 幻灯片浏览

74. 在 WPS 演示中,(　　)是幻灯片层次结构中的顶层幻灯片,用于存储有关演示文稿的主题和幻灯片版式的信息,包括背景、颜色、字体、效果、占位符和位置。

A. 母版　　B. 讲义母版

C. 备注母版　　D. 幻灯片母版

75. 在 WPS 演示中,若希望演示文稿作者的名字出现在所有的幻灯片中,则应将其加入(　　)。

A. 幻灯片母版　　B. 备注母版

C. 配色方案　　D. 动作按钮

76. 在 WPS 演示中,要想使每张幻灯片中都出现某个对象(除标题幻灯片),须在(　　)中插入该对象。

A. 标题母版　　B. 幻灯片母版

C. 标题占位符　　D. 正文占位符

77. 在 WPS 演示中,关于幻灯片母版操作,在标题区或文本区添加每个幻灯片都能够共有文本的方法是(　　)。

A. 选择带有文本占位符的幻灯片版式　　B. 单击直接输入

C. 使用模板　　D. 使用文本框

78. 在 WPS 演示中,可同时显示多张幻灯片、使用户纵览演示文稿概貌的视图方式是(　　)。

A. 幻灯片视图　　B. 幻灯片浏览视图

C. 普通视图　　D. 幻灯片放映视图

79. 在 WPS 演示中,供演讲者查阅以及播放演示文稿实时对各幻灯片加以说明的是(　　)。

A. 备注页视图　　B. 大纲视图

C. 幻灯片视图　　D. 页面视图

80. 在 WPS 演示中,在幻灯片(　　)视图中,可以方便地移动幻灯片。

A. 大纲　　B. 普通

C. 浏览　　D. 放映

81. 在 WPS 演示中,在浏览视图下,按住 Ctrl 键并拖动某张幻灯片,可以完成的操作是(　　)。

A. 选定幻灯片　　B. 复制幻灯片

C. 移动幻灯片　　D. 删除幻灯片

82. 在 WPS 演示的普通视图下，以下不可以调整幻灯片显示比例的是(　　)。

A. 通过“视图”选项卡“显示比例”功能区设置

B. 通过“状态栏”的“显示比例”设置

C. 按住 Ctrl 键的同时滚动鼠标的滚轮实现

D. 通过鼠标拖曳实现

83. 在 WPS 演示“视图”选项卡中不能完成的操作是(　　)。

A. 调整“显示比例”　　B. 设置“幻灯片隐藏”

C. 切换视图方式　　D. 设置是否显示“网格线”

二、操作题

1. 根据图 4-16 所示素材，完成以下操作：

(1)将第 3 张幻灯片版式设置为“标题和内容”。

(2)将第 2 张幻灯片加上标题“启动与关闭”，设置字体为“仿宋”，字号设置 40 磅。

(3)将全文幻灯片的切换效果都设置成“棋盘”，速度为“2 秒”。

(4)将第 3 张幻灯片内容文本框中文字方向设置为“竖排”，标题文字方向设置为“横排”。

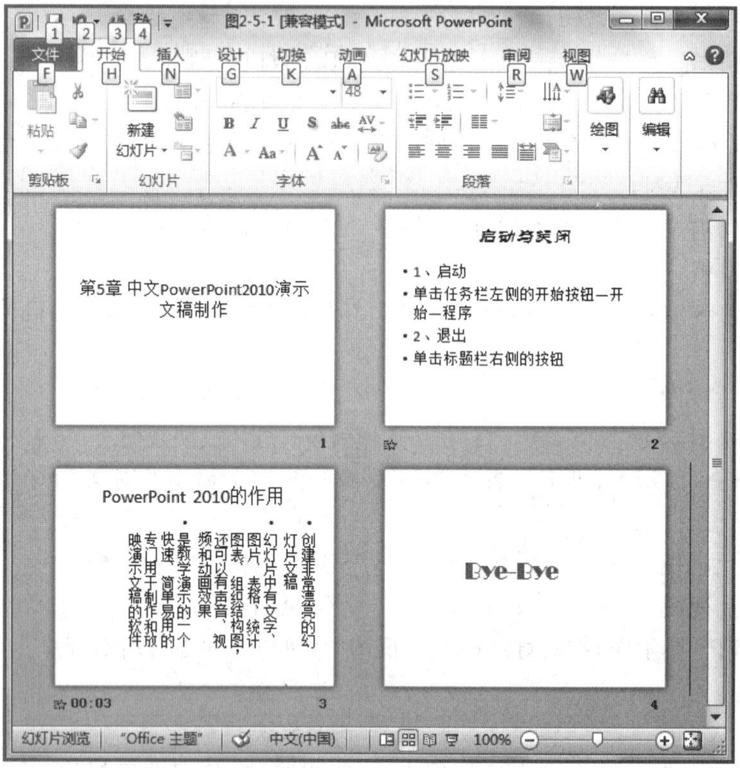

图 4-16　操作题 1 素材

2. 根据图 4-17，请使用 WPS 演示完成以下操作：

(1)第一张幻灯片使用 summary 模板。

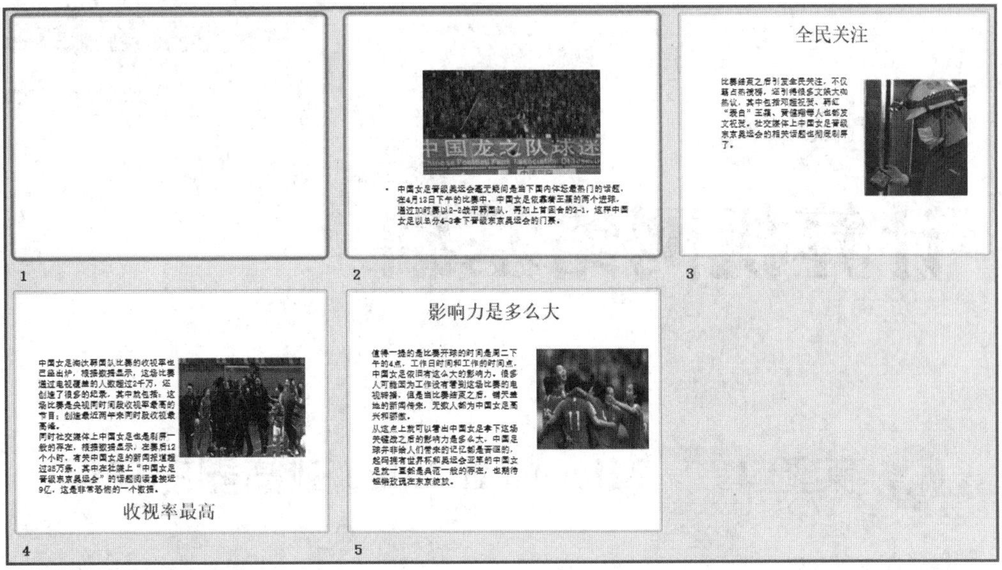

图 4-17 操作题 2 素材

(2)在第一张幻灯片中添加标题内容为“中国女足晋级奥运会”,设置标题文字为华文仿宋、48 磅。

(3)设置第二张幻灯片内容文本框的段落项目符号(项目符号为带填充效果大正方形■)。

(4)设置第三张幻灯片的内容文本框形状格式图案填充为 10%;为第三张幻灯片内的图片添加超链接,链接到网址 www.baidu.com。

(5)设置第四张幻灯片的版式为仅标题。

(6)设置第五张幻灯片的图片动画效果为飞入,效果选项自右上部,延迟 2.25 秒。

(7)设置所有幻灯片切换效果为新闻快报,自动换片时间为 2 秒,声音为风铃。

模块 5
计算机网络基础

实验 1 Microsoft Edge 浏览器的使用

实验目的

熟练掌握 Microsoft Edge 浏览器的基本使用方法，能够浏览网站、下载文件等。

实验内容

1. 启动 Microsoft Edge 浏览器。
2. 浏览网页。
3. 保存当前浏览的网页。
4. 保存网页中的图片文件。
5. 收藏夹的使用。
6. 搜索引擎的使用。

实验步骤

1. 启动 Microsoft Edge 浏览器

启动 Microsoft Edge 浏览器有 3 种方法。

方法 1：单击桌面任务栏上的浏览器图标，启动浏览器，如图 5-1 所示。

图 5-1 任务栏上的浏览器图标

方法 2：在桌面左下角的搜索栏中输入“Microsoft Edge”，然后在弹出的列表中选择 Microsoft Edge 浏览器即可，如图 5-2 所示。

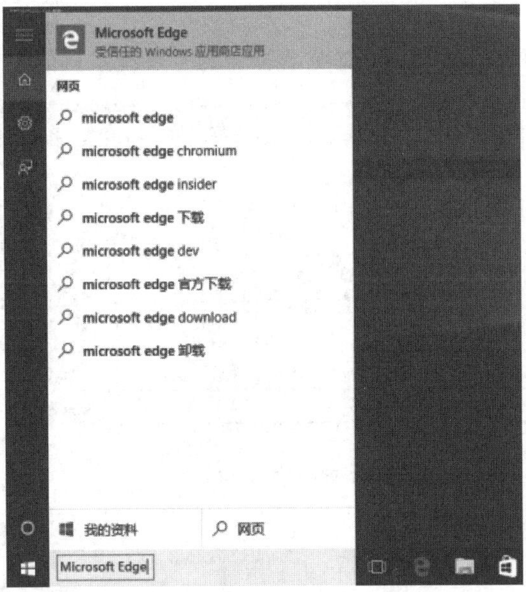

图 5-2　搜索浏览器程序

方法 3:选择“开始”→“所有应用”→“Microsoft Edge”命令,即可启动浏览器,如图 5-3、图 5-4 所示。

图 5-3　“开始”菜单

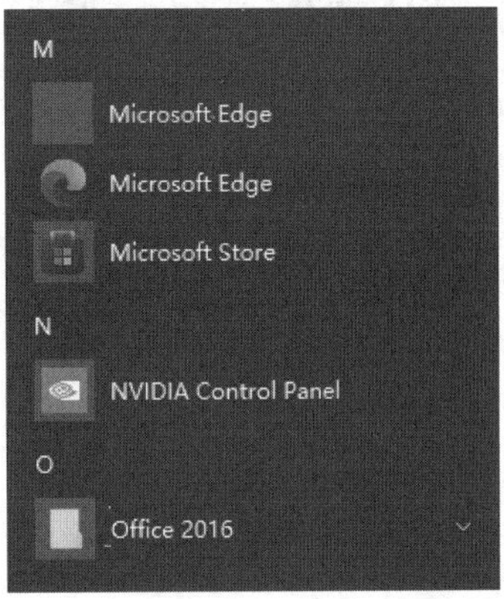

图 5-4　“开始”菜单中的浏览器快捷访问图标

2. 浏览网页

启动浏览器后，Microsoft Edge 浏览器打开的是系统默认的主页，如图 5-5 所示。

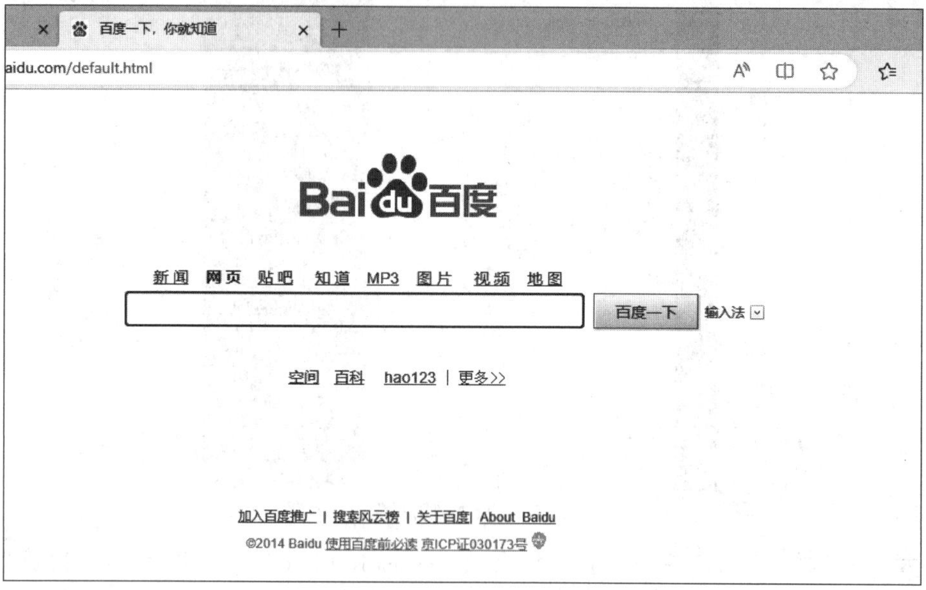

图 5-5　Microsoft Edge 浏览器默认主页

如果想修改主页，需要单击浏览器右上角的“更多选项”按钮 ···，在弹出的下拉列表中选择“设置”选项（图 5-6），单击“开始、主页和新建标签页”选项卡中的“Microsoft Edge 启动时”，然后选择“打开以下页面”→“添加新页面”选项，接着在下面的文本框中输入要显示的主页网站地址。输入完成后，单击右侧的“+”按钮保存生效，如图 5-7 所示。

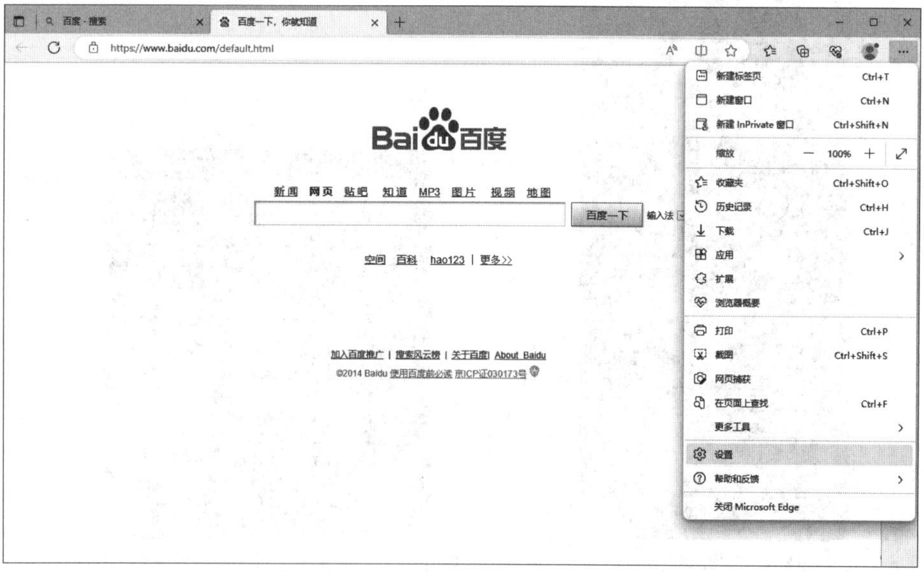

图 5-6　Microsoft Edge 浏览器更多选项

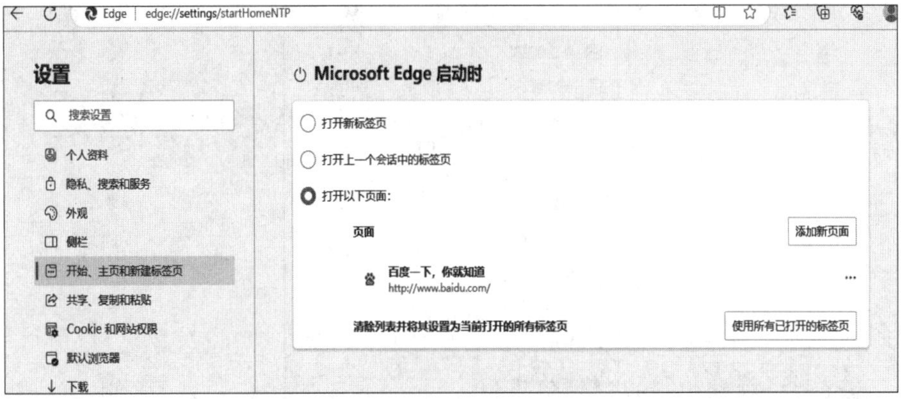

图 5-7　设置主页

主页设置完成后，可以单击浏览器页面中的“主页”按钮，访问主页网站，如图 5-8 所示。

图 5-8　主页设置完成后打开浏览器

此外，与 Internet Explorer 浏览器类似，Microsoft Edge 浏览器也提供了“前进”“后退”“刷新”“主页”等命令。

如果浏览器页面中没有“主页”按钮，需要通过单击浏览器右上角的“更多选项”按钮 ···，在弹出的下拉列表中选择“设置”→“外观”→“选择要在工具栏上显示的按钮”选项，将“开始”按钮置于“开”的状态，如图 5-9 至图 5-11 所示。

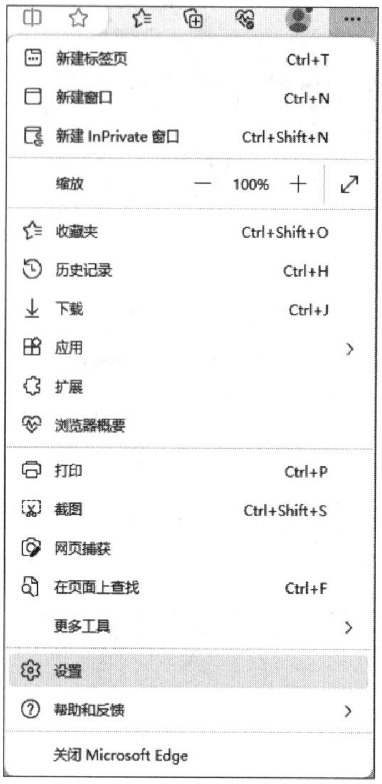

图 5-9　选择设置

图 5-10　外观

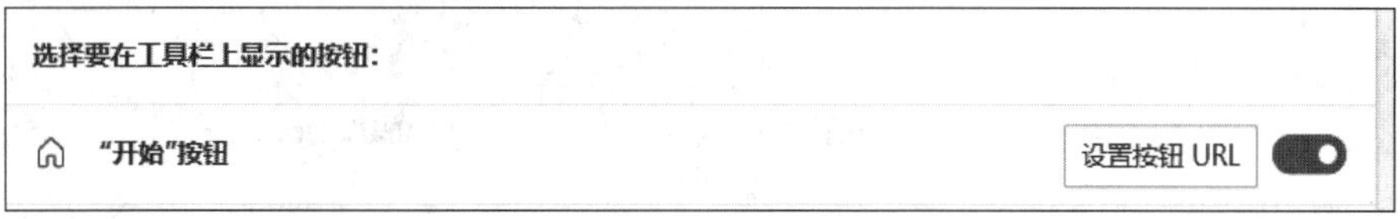

图 5-11　显示"开始"按钮设置

3. 保存当前浏览的网页

有的网页内容对于浏览者有一定的价值,需要保存下来,用于在某些情况下可以继续浏览使用。与一般浏览器不同,Microsoft Edge 浏览器没有提供直接保存网页的方法,只能通过将网页打印为 PDF 格式文件的方式保存网页。

使用 Microsoft Edge 浏览器打开指定的网页,如想保存 https://www. baidu. com 网页,那么需要单击浏览器右上角的"更多选项"按钮 ···,选择"打印"命令,如图 5-12 所示。在打开的对话框中进行相关设置,如图 5-13 所示。

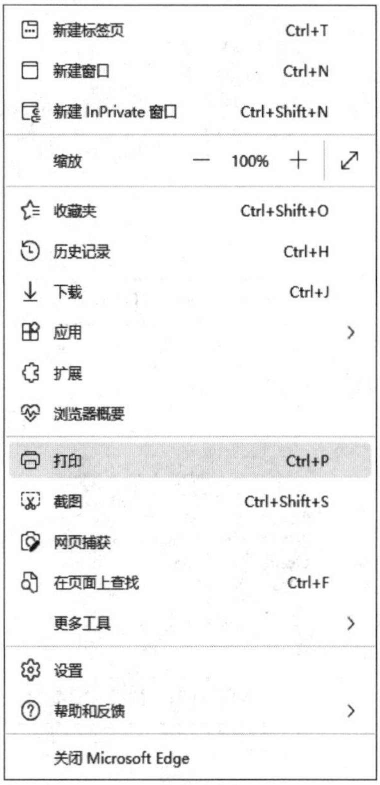

图 5-12　选择"打印"命令

"打印机"中可以使用默认的"Microsoft Print to PDF",其他选项用户可以根据需要自行修改,设置完成后单击"打印"按钮。这时,网页已经被打印为 PDF 文件,保存的默认地址是用户的"文档"文件夹,如图 5-14、图 5-15 所示。

图 5-13　网页打印设置

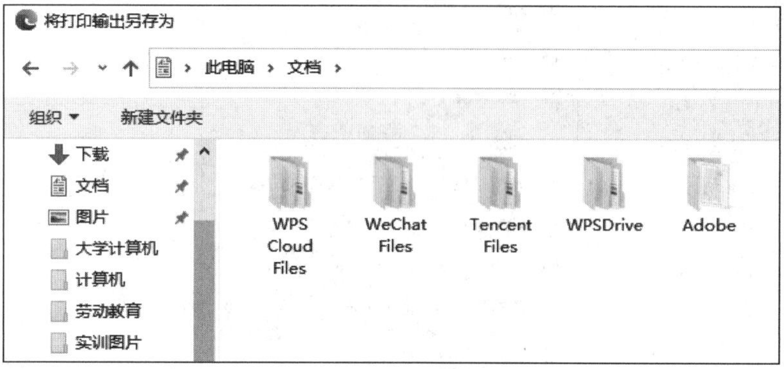

图 5-14　网页打印后的保存位置

图 5-15　网页打印后保存为 PDF 文件

4. 保存网页中的图片文件

在网页图片上右击，在弹出的快捷菜单中选择“将图像另存为”命令，打开“另存为”对话框，从中选择图片要保存的位置、保存类型并填写文件名。单击“保存”按钮即可完成图片文件的保存，如图 5-16 所示。

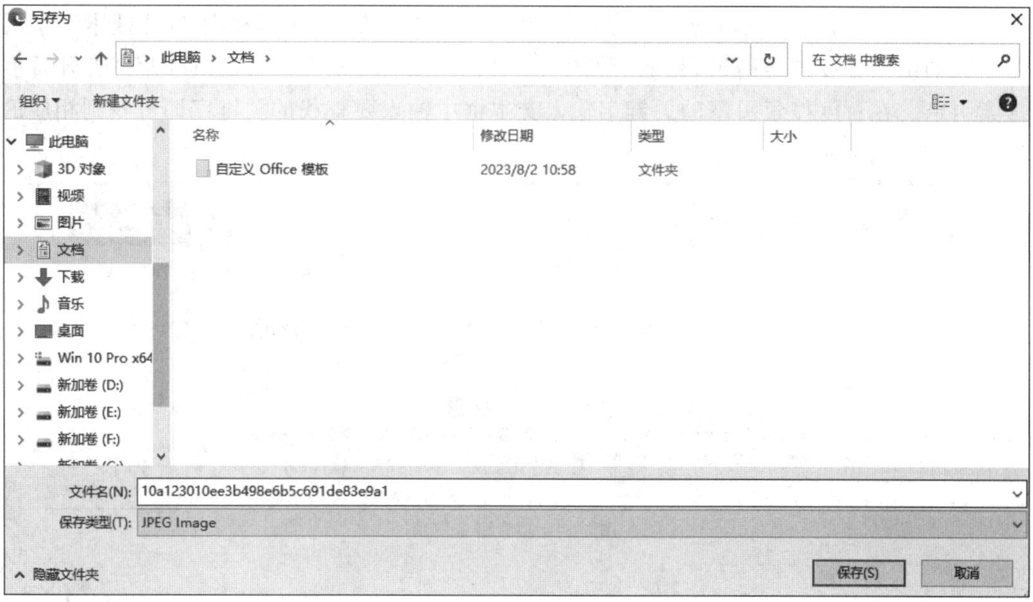

图 5-16　网页图片保存

5. 收藏夹的使用

在日常浏览网站时，用户可以将经常需要访问的网站的 URL 地址保存到浏览器的收藏夹中，以便下次快速访问该网站。具体方法如下：

打开需要收藏的网站，单击浏览器上端的“添加到收藏夹或阅读列表”按钮。此时，在弹出的“编辑收藏夹”对话框中会提示填写“名称”“文件夹”等，可以选择默认，也可以修改网站名称和文件夹位置，然后直接单击“完成”按钮即可，如图 5-17 所示。

如果想访问收藏夹中的网站，需要打开浏览器后，单击右上角的“收藏夹”按钮，在打开的对话框中选择“收藏夹”中已经收藏好的网站即可，如图 5-18 所示。

图 5-17　添加收藏

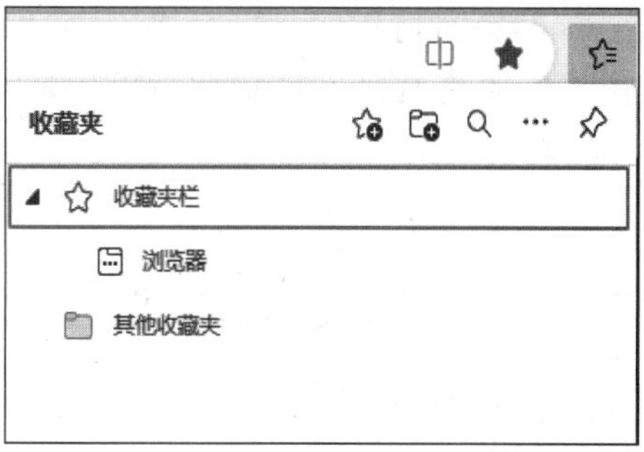

图 5-18　访问收藏夹

6. 搜索引擎的使用

Microsoft Edge 浏览器的地址栏不仅可以输入网站地址，还可以直接输入关键字，通过关联设定的搜索引擎实现网站信息的搜索。Microsoft Edge 浏览器默认的搜索引擎是必应搜索(http://cn.bing.com/)。

在浏览器地址栏中输入需要访问的搜索引擎地址，按 Enter 键即可打开搜索引擎网站。例如访问百度搜索引擎，在地址栏中输入“http://www.baidu.com”，即可打开百度搜索引擎。在百度搜索引擎的关键字输入文本框中输入要查找的关键字即可找到相应的网站，如图 5-19 所示。

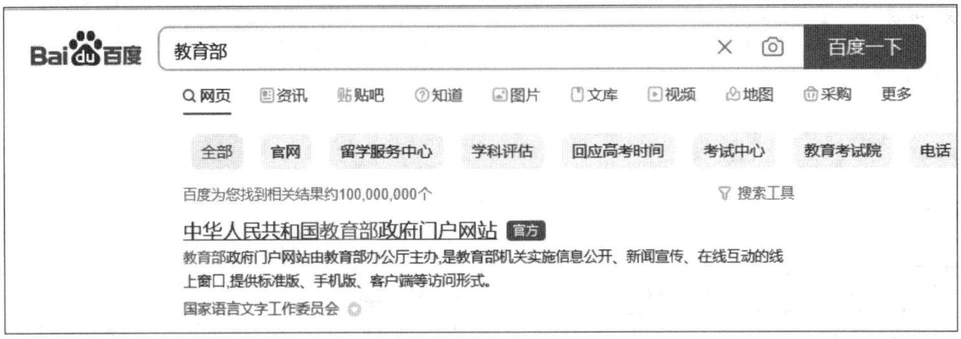

图 5-19 搜索引擎使用

实验 2 查看网络状态与配置 IP 地址

实验目的

熟练掌握查看网络状态和配置 IP 地址。

实验内容

1. 查看网络状态。
2. 禁用/启用网络。
3. 查看 IP 地址。
4. 配置 IP 地址。

实验步骤

1. 查看网络状态

选择“开始”→“设置”→“网络和 Internet”→“更改适配器选项”选项。或者右击桌面右下角的网络图标，在弹出的快捷菜单中选择“打开网络和 Internet”命令，在打开的窗口中单击“更改适配器选项”链接，如图 5-20、图 5-21 所示。

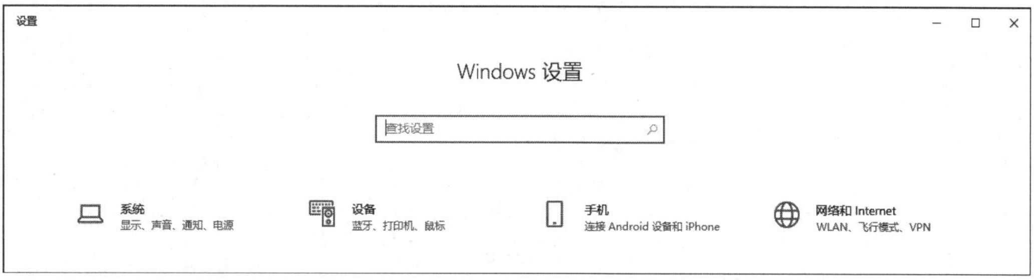

图 5-20　网络和 Internet

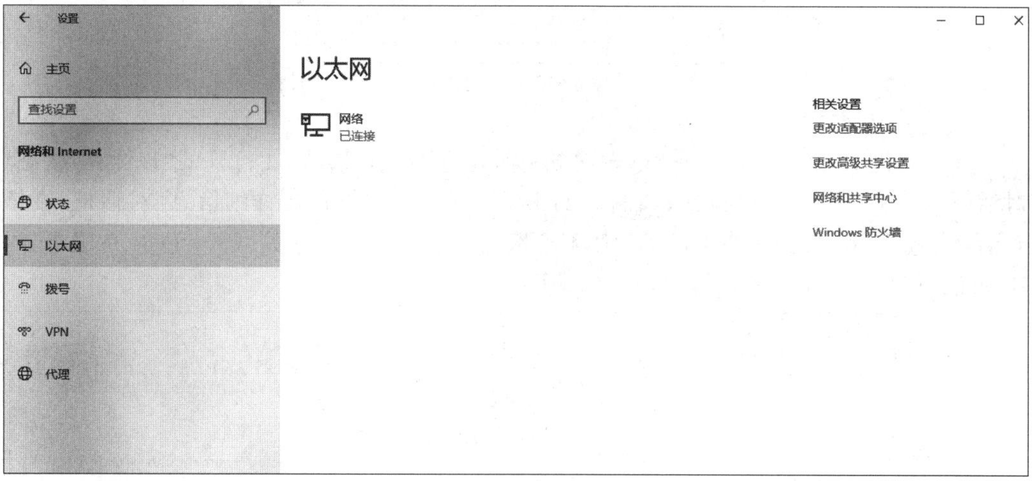

图 5-21　更改适配器选项

右击“以太网”图标，如图 5-22 所示。在弹出的快捷菜单中选择“状态”命令，然后可以在打开的“以太网 状态”对话框中查看 IPv4 连接、IPv6 连接、持续时间等信息。

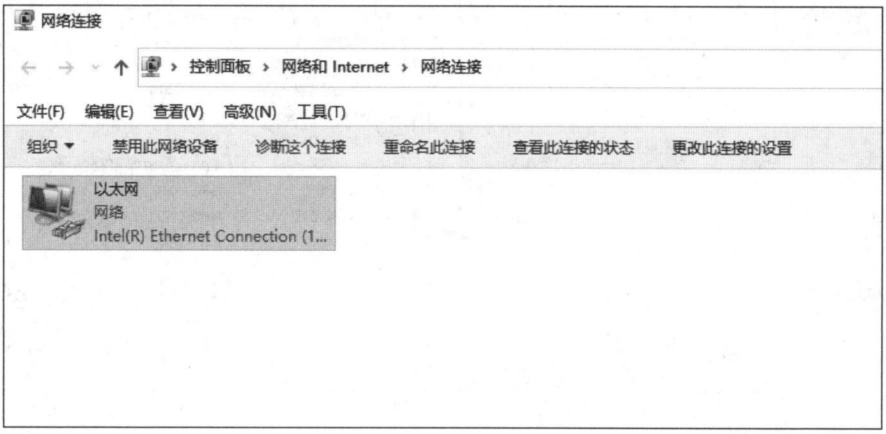

图 5-22　以太网图标

2. 禁用/启用网络

右击“以太网”图标，选择“禁用”选项，可以将计算机断开网络连接，如图 5-24 所示。禁用网络后，“以太网”图标将显示为灰色。如果想启用网络，可以右击“以太网”图标，在弹出的快捷菜单中选择“启用”命令即可。

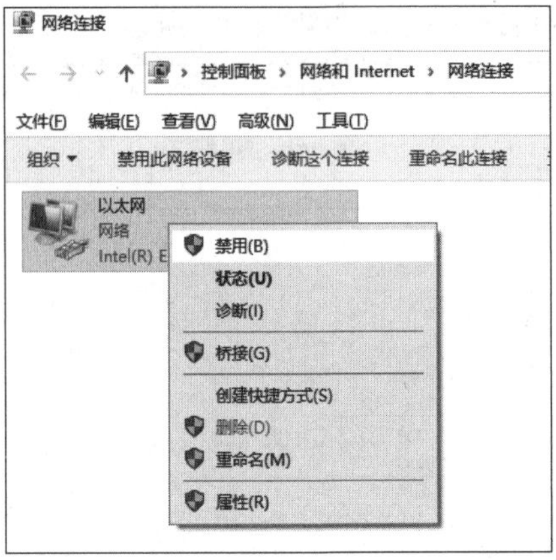

图 5-23　以太网禁用

3. 查看 IP 地址

查看本机 IP 地址可以右击“以太网”图标，选择“状态”选项，在打开的“以太网 状态”对话框中单击“详细信息”按钮，如图 5-24 所示。打开“网络连接详细信息”对话框，在该对话框中会显示本机的 IPv4 地址、IPv4 子网掩码、IPv4 默认网关、IPv4 DHCP 服务器、IPv4 DNS 服务器等网络参数，如图 5-25 所示。

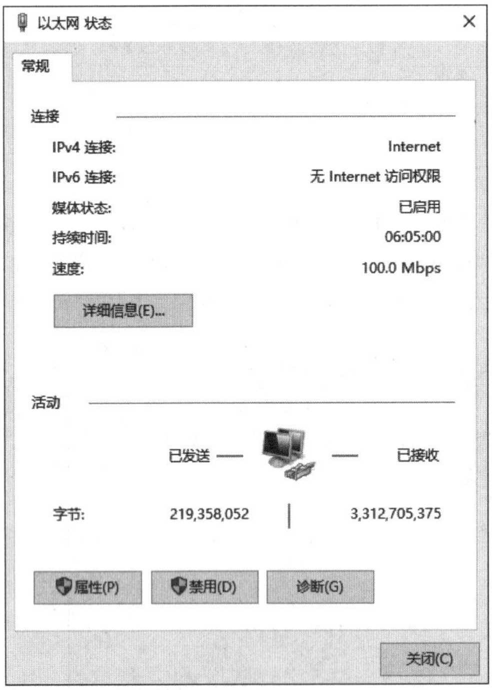

图 5-24　“以太网　状态”对话框

图 5-25　“网络连接详细信息”对话框

4. 配置 IP 地址

(1)在“以太网 状态”对话框中单击“属性”按钮，打开“以太网 属性”对话框。选中“此连接使用下列项目”选项区域中的“Internet 协议版本 4(TCP/IPv4)”复选框，如图 5-26 所示。

(2)在打开的“Internet 协议版本 4(TCP/IPv4)属性”对话框中,设置 IP 地址、子网掩码、默认网关、首选 DNS 服务器、备用 DNS 服务器等网络参数。如果所在网络 IP 由 DHCP 服务器分配,那么 IP 地址可以选择“自动获得 IP 地址”“自动获得 DNS 服务器地址”,如图 5-27 所示。

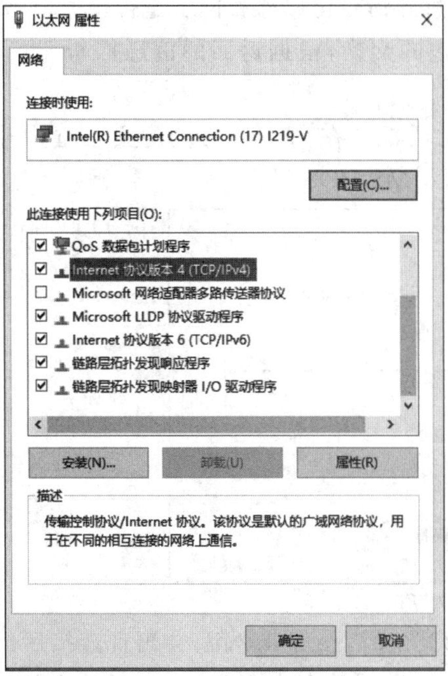

图 5-26　“以太网 属性”对话框

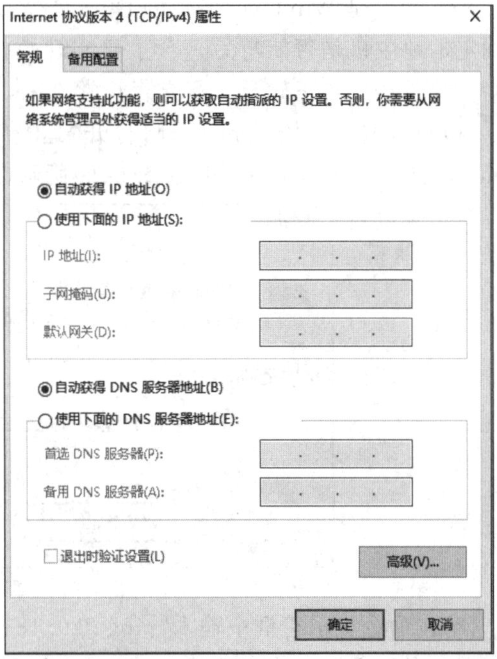

图 5-27　“Internet 协议版本 4(TCP/IPv4)属性”对话框

实验 3　常用命令的使用

实验目的

熟练掌握 ping、ipconfig 等常用命令的使用方法。

实验内容

1. ping 命令的使用。
2. ipconfig 命令的使用。

实验步骤

1. ping 命令的使用

ping 命令是 Windows 自带的 DOS 命令，通过此命令可以检查网络是否连通，主要用于确定本地主机是否能与另一台主机实现数据包的交换，根据返回的信息推断 TCP/IP 网络参数是否设置正确及运行是否正常。

(1)同时按住开始键和 R 键，打开“运行”对话框。在“打开”右侧的文本框中输入“cmd”，然后单击“确定”按钮，如图 5-28 所示，进入 MS-DOS 界面。

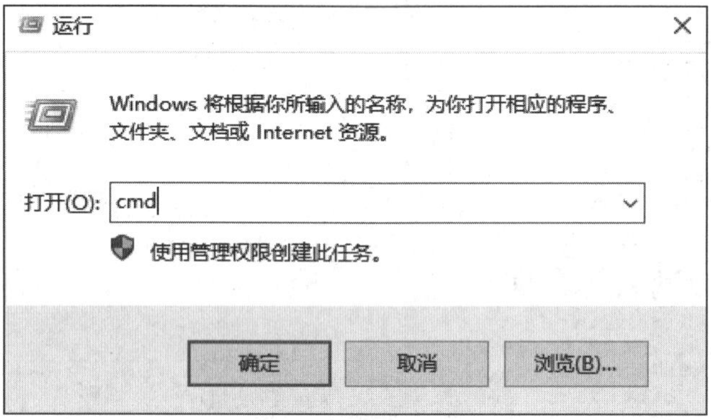

图 5-28 “运行”对话框

(2)在命令提示符框中输入“ping 220.181.38.149”，按 Enter 键，会出现连接后的响应数据。通过返回的响应数据，可以看到数据包发送后没有出现丢失，顺利抵达目的主机。这说明当前主机与 IP 地址为 220.181.38.149 的主机是连通的，如图 5-29 所示。在命令提示符框中输入“ping 123.45.6.7”，按 Enter 键，出现请求超时，表明无法连通目的主机，如图 5-30 所示。

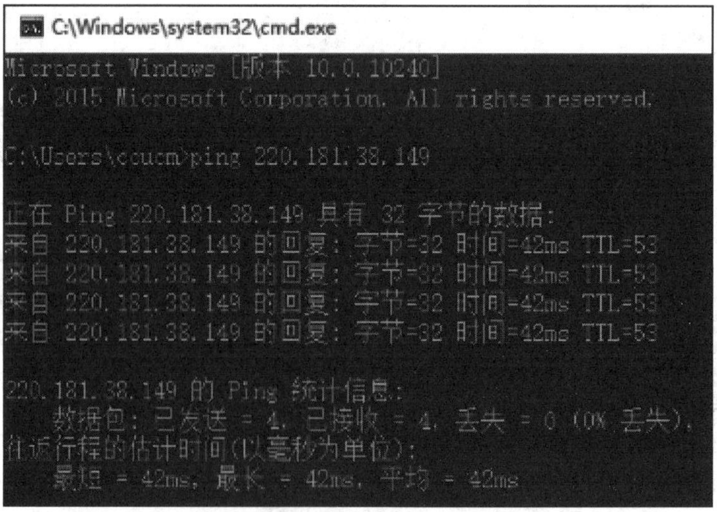

图 5-29 ping 命令的使用(连通主机)

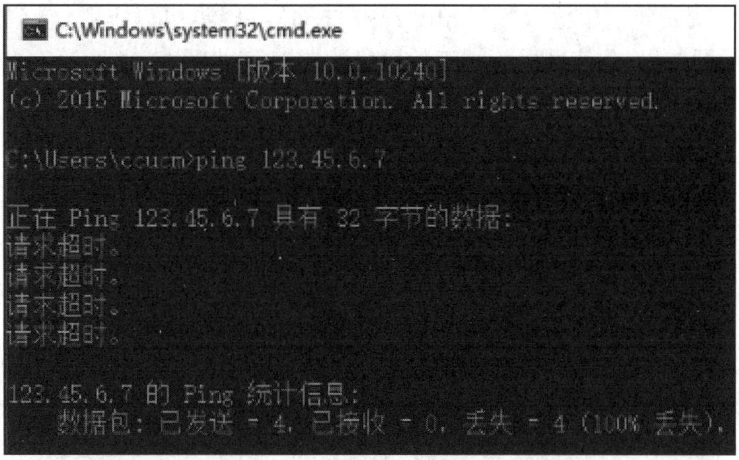

图 5-30　ping 命令的使用(无法连通主机)

2. ipconfig 命令的使用

ipconfig 命令也是 Windows 自带的 DOS 命令,用于显示本地主机 TCP/IP 网络配置信息,如网络适配器的物理地址、IP 地址等,一般用于校验手动配置的 TCP/IP 设置是否正确。如果在网络中由 DHCP 服务器分配 IP 地址,则利用 ipconfig 命令可以查看当前主机分配到的 IP 地址。

(1)同时按住开始键和 R 键,打开“运行”对话框。在“打开”右侧的文本框中输入“cmd”,然后单击“确定”按钮,进入 MS-DOS 界面,如图 5-28 所示。

(2)在命令提示符框中输入“ipconfig”命令,按 Enter 键,可以查看当前主机的 IP 地址、子网掩码、默认网关等网络配置信息,如图 5-31 所示。

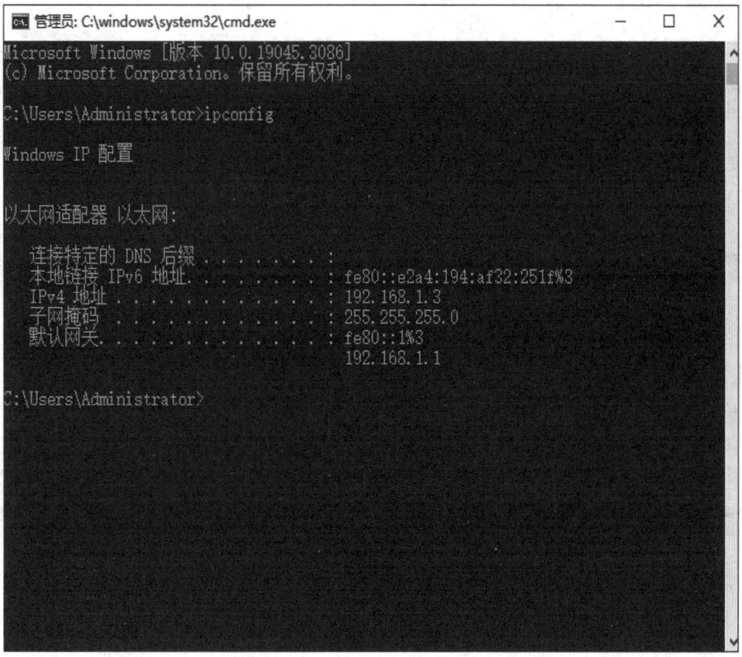

图 5-31　ipconfig 命令的使用

(3)在命令提示符框中输入“ipconfig /all”，按 Enter 键，可以查看当前主机的物理地址、IP 地址、子网掩码、默认网关等详细的网络配置信息，如图 5-32 所示。

图 5-32　ipconfig /all 命令的使用

实验 4　电子邮箱的使用

实验目的

熟练掌握电子邮箱的注册、登录、邮件收发的方法。

实验内容

1. 邮箱注册。
2. 邮箱登录。
3. 邮件收发。

实验步骤

目前，网易、腾讯等很多网站都提供了免费邮箱服务，用户可以根据需要选择申请注册电子邮箱。不同网站邮箱申请流程大致相同，现在以网易邮箱为例，通过申请注册免费电子邮箱，了解邮箱的注册及邮件收发过程。

1. 邮箱注册

打开浏览器，在网址栏输入“https://www.126.com”，即可访问网易邮箱网站，如图 5-33 所示。单击“注册新账号”链接，在弹出的界面中填写邮箱地址、密码、手机号码后，勾选复选框，单击“立即注册”按钮，如图 5-34 所示，即注册成功。

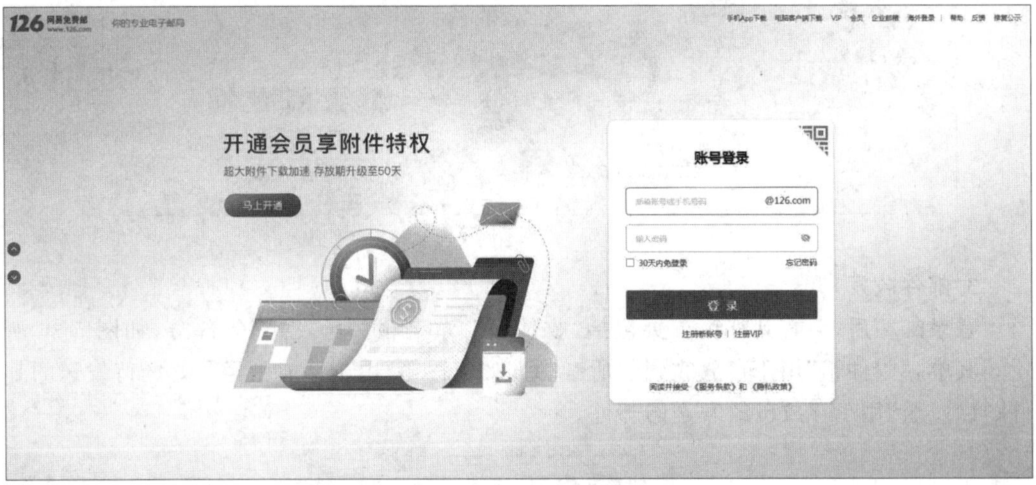

图 5-33　网易邮箱网站

图 5-34　网易邮箱注册信息填写

2. 邮箱登录

打开浏览器，在网址栏输入“https://www.126.com”，在页面中输入注册时填写的邮箱地址与密码，单击“登录”按钮即可，如图 5-35 所示。

图 5-35 网易邮箱登录

3. 邮件收发

登录邮箱后，会看到邮箱首页包括“收件箱”“草稿箱”“已发送”等部分，如图 5-36 所示。其中，“收件箱”用于存放收到的所有邮件；“草稿箱”用于存放已经写好的待发送的邮件；“已发送”用于存放已经发送的邮件。

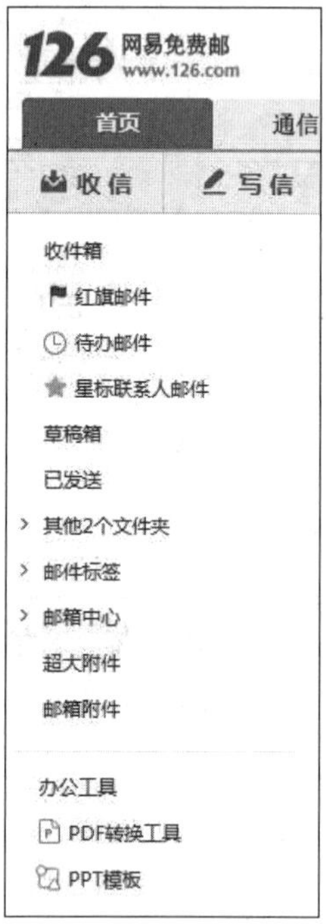

图 5-36 邮箱组成部分

邮件发送过程：首先，单击“写信”按钮；其次，填写好“收件人”“主题”“添加附件”“正文”等内容；最后，单击“发送”按钮，即可将邮件发送出去，如图 5-37 所示。如果这个邮件要同时发送给多个地址，那么选择“抄送”命令，邮件收件人可以看到这个邮件都发送给了哪些地址。如果不想让收件人看到所有收件人的地址，就选择“密送”命令。

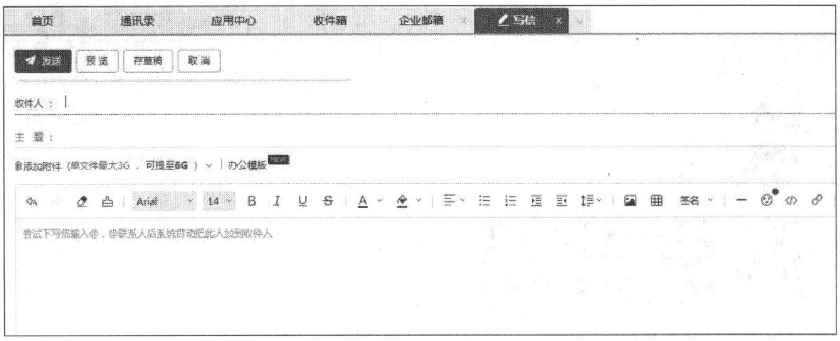

图 5-37　新建邮件

邮件接收过程：首先，单击“收信”按钮；其次，在“收件箱”中查看收到的邮件；最后，单击邮件主题即可浏览收到的邮件。

模块 6
计算机前沿

实验 1　用 AI 为黑白照片着色

实验目的

掌握使用百度大脑 AI 开放平台和 ImageColorizer 为黑白照片上色的方法。

实验内容

1. 使用百度大脑 AI 开放平台为黑白照片着色。
2. 使用 ImageColorizer 为黑白照片着色。

实验步骤

1. 使用百度大脑 AI 开放平台为黑白照片着色

百度大脑 AI 开放平台提供全球领先的语音、图像、NLP 等多项人工智能技术，开放对话式人工智能系统、智能驾驶系统两大行业生态，共享 AI 领域最新的应用场景和解决方案。在图片相关的服务中，用户可以通过上传图片，在线制作数据集，完成图片分类、目标识别、图片分割、图片中文字识别、语音识别等。同时，提供了很多视频教程。

具体操作步骤如下：

(1)打开百度大脑 AI 开放平台(https://ai.baidu.com/)首页，如图 6-1 所示。

(2)在上方导航栏中单击“开放能力”→“图像技术”→“图像特效”→“黑白图像上色”按钮，如图 6-2 所示。

(3)向下滚动后，单击“本地上传”按钮，如图 6-3 所示，然后打开要处理的照片，根据图片大小，等待几秒至十几秒即可返回结果。

图 6-1　百度大脑 AI 开放平台首页

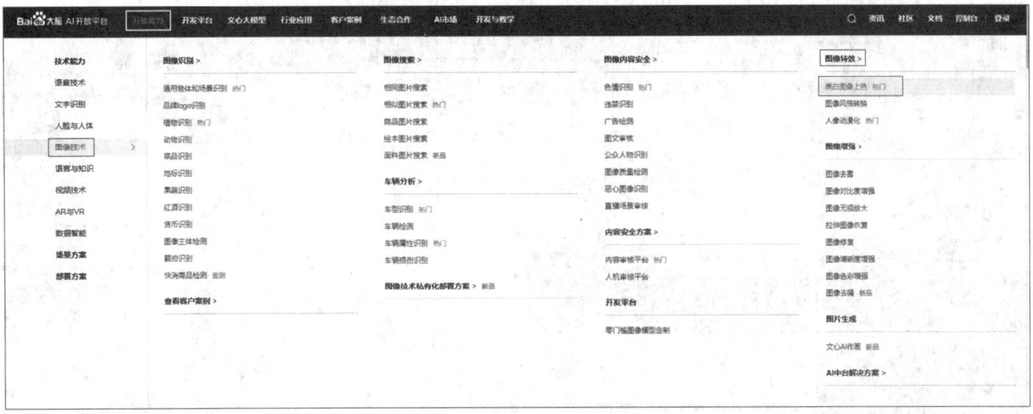

图 6-2　“黑白图像上色”功能

图 6-3　着色结果对比

(4)如果要保存结果,可以直接在图片上右击,在弹出的菜单中选择“图片另存为”选项,然后保存至本地即可。注意,此时保存的只是预览效果,因此图片尺寸会被压缩至不超过 800 px。

2. 使用 ImageColorizer 为黑白照片着色

ImageColorizer 是一款免费使用 AI 技术将黑白照片变成彩色照片的在线工具。用户只需要上传黑白照片,即可全自动地为照片着色。而且支持一次性上传多张照片,该工具会将所有上传的照片每 24 小时清除一次。

具体操作步骤如下:

(1)打开 ImageColorire 首页(https://imagecolorizer.com),如图 6-4 所示。

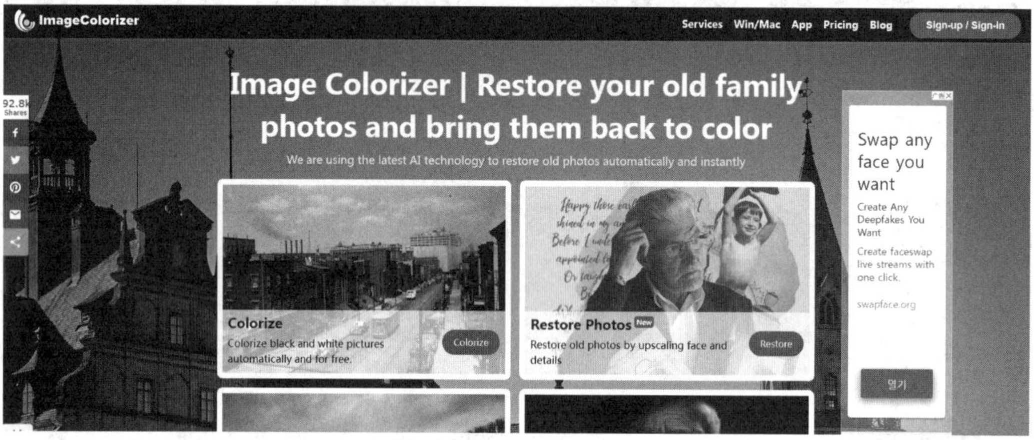

图 6-4　ImageColorire 首页

(2)单击右上方工具栏中的“Services”按钮,在下拉菜单中选择“Colorize photos”,进入跳转页面后,将要处理的照片直接拖至“Upload Image”区域中,或单击“Upload Image”按钮,在弹出的对话框中选择要处理的照片,上传完毕后会显示如图 6-5 所示的状态。

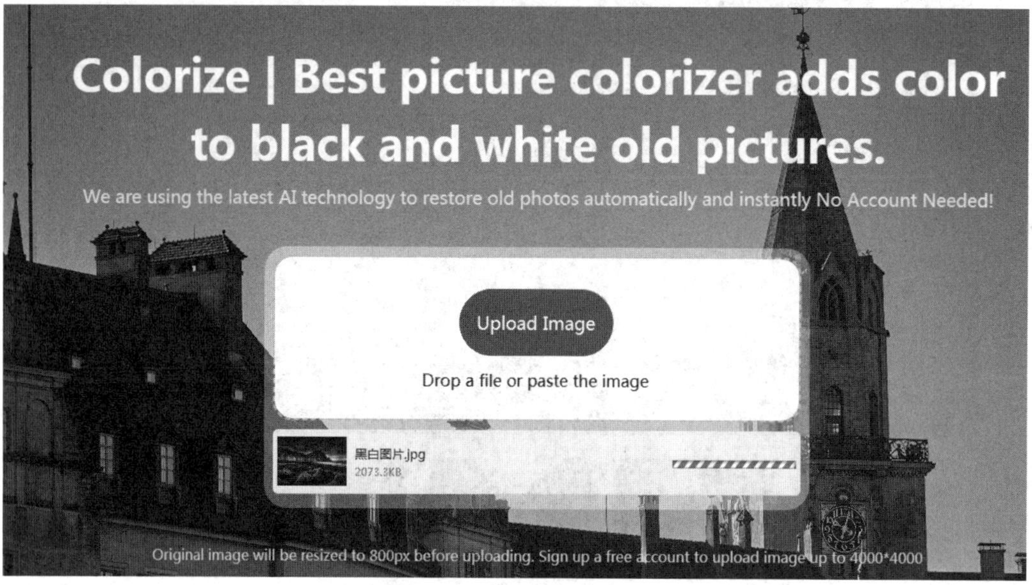

图 6-5　上传要着色的图片

(3)单击“Start”按钮,即可开始处理,着色效果如图 6-6 所示。

图 6-6　最终效果

(4)处理完毕后,单击“Download”按钮,即可下载。

实验 2　用 AI 识别物品

实验目的

掌握使用百度大脑 AI 开放平台识别物品的方法。

实验内容

使用百度大脑 AI 开放平台识别物品

实验步骤

百度 AI 开放平台提供的通用物体和场景识别应用,可以识别动物、植物、商品、建筑、风景、动漫、食材、公众人物等 10 万个常见物体及场景,接口返回大类及细分类的名称结果。

(1)在上方导航栏中单击“开放能力”→“图像技术”→“通用物体和场景识别”,如图 6-7 所示。

图 6-7 “通用物体和场景识别”功能

(2)向下滚动后，单击“本地上传”按钮，如图 6-8 所示，然后打开要处理的照片，根据图片大小，等待几秒至十几秒即可返回结果。

图 6-8 识别结果

实验 3 用 AI 抠图

实验目的

掌握使用 removebg 和皮卡智能快速抠图的方法。

实验内容

1. 使用 removebg 抠图。
2. 使用皮卡智能抠图。

实验步骤

1. 使用 removebg 抠图

具体操作步骤如下：

(1)打开 removebg 网站(https://www.remove.bg/),如图 6-9 所示。

图 6-9 removebg 网站

(2)将要抠图的图片拖至上传区域,或单击"上传图片"按钮,在弹出的对话框中打开要抠图的图片,即可开始上传,如图 6-10 所示。

图 6-10　上传图片

(3)上传完毕后,会自动识别照片中的主体,并消除背景,如图 6-11 所示。

图 6-11　消除背景后的结果

(4)单击"下载"按钮,可以下载预览图;单击"下载高清版"按钮,可以下载原图,但需要登录并支付积分。

(5)单击预览结果右上角的"编辑"按钮,可以在弹出的页面中对背景进行虚化或换背景处理。如图 6-12 所示是更换其他背景后的效果。

图 6-12　更换背景的效果图

2. 使用皮卡智能抠图

皮卡智能抠图无须标注前景背景，可以自动识别抠图区域，省时省力，能够快速获得带透明背景的图片，而且还提供了一定的编辑功能。

具体操作步骤如下：

(1)打开皮卡智能网站(https://www.picup.shop/)，如图 6-13 所示。

图 6-13　皮卡智能首页

(2)向下拉动页面，将要抠图的图片拖至上传区域，或单击“上传图像”按钮，在弹出的对话框中打开要抠图的图片，即可开始上传，如图 6-14 所示。

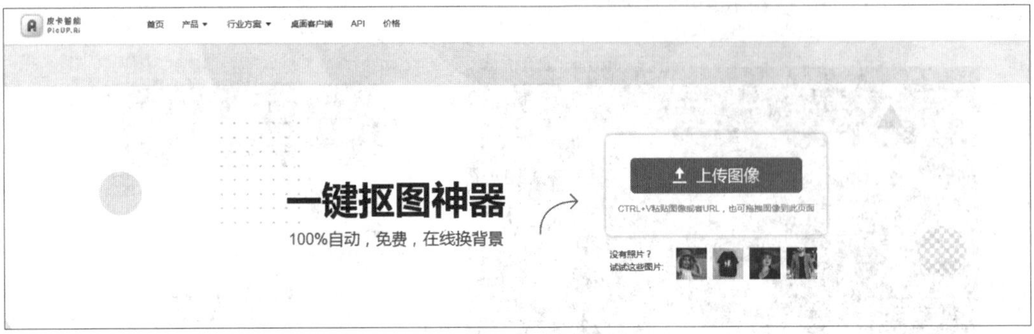

图 6-14　上传图像

(3)上传图片完毕后即可查看抠图结果对比，如图 6-15 所示。左边是原图，右边是抠图后的效果。

图 6-15　抠图效果对比

(4)将光标置于“下载”按钮上，可显示下载列表，下载小尺寸图免费，下载原图则需要付费，如图 6-16 所示。

图 6-16　图片下载

(5)单击“编辑”按钮会打开新的页面，在左侧选择要添加的元素。在右侧可以单击“手工修补”按钮，打开新的页面，对抠图结果进行处理，修补结果如图 6-17 所示。

图 6-17 编辑图片页面

(6)单击左上方的“擦除”按钮，然后将光标置于原图区域中要擦除的地方，此时会在左、右两侧同时显示圆形光标，如图 6-18 所示，按住鼠标左键进行涂抹即可。

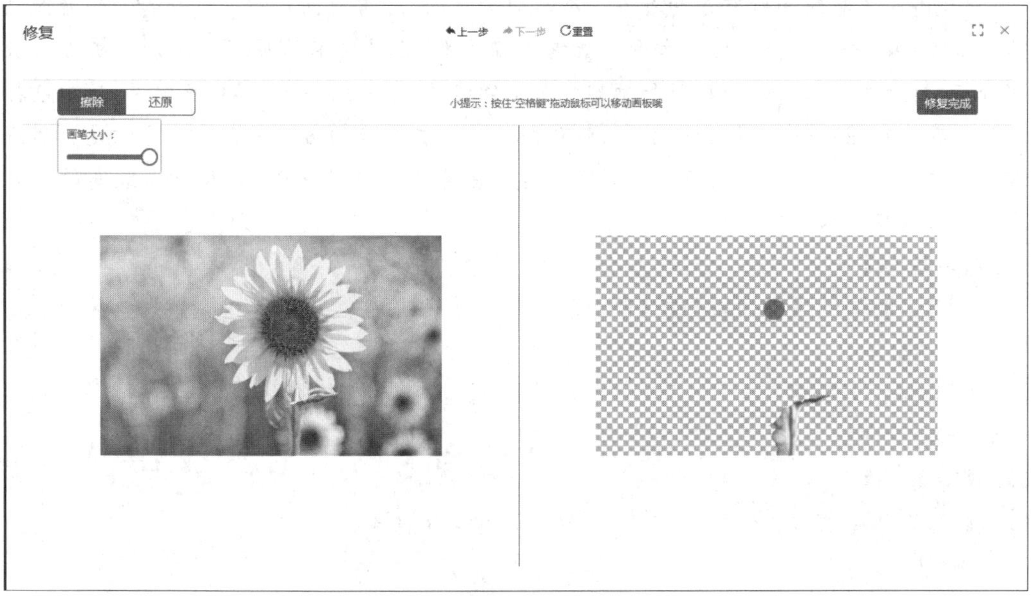

图 6-18 “擦除”功能

习题及分析

一、单项选择题

1. 下列关于人工智能概念表述正确的是(　　)。

A. 人工智能是为了开发一类计算机使之能够完成通常由人类所完成的事情

B. 人工智能是研究和构建在给定环境下表现良好的智能体程序

C. 人工智能是通过机器或程序所展现的智能

D. 人工智能是对人类智能体的研究

分析:人工智能(Artificial Intelligence),英文缩写为AI。它是研究、开发用于模拟、延伸和扩展人的智能的理论、方法、技术及应用系统的一门新的技术科学。人工智能是计算机科学的一个分支,它试图了解智能的实质,并生产出一种新的能以与人类智能相似的方式做出反应的智能机器。

【答案:A】

2. 下列不属于人工智能应用领域的是(　　)。

A. 局域网　　B. 自动驾驶

C. 自然语言学习　　D. 专家系统

分析:人工智能的所有方向都有一个共同的目的,就是试图产出一种"类人"的智能机器。人工智能的一个很重要的方向是数据挖掘技术,这种技术的原理是用计算机进行数据分析,然后进行人性化的推荐和预测。人工智能的一大方向是计算机视觉类,其中包括我们所熟悉的图像识别、视频识别、人脸识别等。人工智能的另外一大重要方向是自然语言处理技术,包括机器翻译、语音识别等。其中语音识别是最核心、普及程度最高的一种自然语言处理技术。

【答案:A】

3. 人工智能的研究领域包括(　　)。

A. 机器学习　　B. 人脸识别

C. 自然语言处理　　D. 以上所有选项

分析:见上。

【答案:D】

4. 光敏传感器接收(　　)信息,并将其转换为电信号。

A. 力　　B. 声

C. 光　　D. 位置

分析:光敏传感器是利用光敏元件将光信号转换为电信号的传感器,它的敏感波长在可见光波长附近,包括红外线波长和紫外线波长。光传感器不只局限于对光的探测,它还可以作为探测元件组成其他传感器,对许多非电量进行检测,只要将这些非电量转换为光信号的变化即可。

【答案:C】

5. 以下不是物理传感器的是(　　)。

A. 视觉传感器　　B. 嗅觉传感器

C. 听觉传感器　　D. 触觉传感器

分析:这些都是仿生传感器范畴,除了生物传感器可以实现仿生传感技术以外,视觉可由光学传感器实现,嗅觉可由化学(气体)传感器实现,听觉可由振动传感器实现,触觉可由压力传感器实现。从狭义的物理定义来看,传统的嗅觉传感器是主要依靠化学反应的传感器技术,因此嗅觉传感器不是物理传感器。

【答案:B】

6. RFID 属于物联网的(　　)。

A. 应用层　　B. 网络层

C. 业务层　　D. 感知层

分析:RFID(Radio Frequency Identification,射频识别),又称电子标签、无线射频识别、感应式电子晶片、近接卡、感应卡、非接触卡、电子条码。RFID 属于物联网的感知层,属于终端设备,用于提供/感知物体编号和信息。RFID 射频识别是一种非接触式的自动识别技术,它通过射频信号自动识别目标对象并获取相关数据,识别工作无须人工干预,可工作于各种恶劣环境。RFID 技术可识别高速运动物体并可同时识别多个标签,操作快捷方便。

【答案:D】

7. 下列(　　)技术不适用于个人身份认证。

A. 手写签名识别技术　　B. 指纹识别技术

C. 语言识别技术　　D. 二维码识别技术

分析:个人身份认证的主要途径包括图像识别技术、指纹识别技术、音频识别技术。个人身份认证识别技术对准确性和安全性要求更高,目前的图像识别技术中的手写签名识别技术、二维码识别技术和指纹识别技术都非常成熟,适合作为个人身份认证。音频识别技术和语言识别技术目前还不适合作为个人身份认证。

【答案:C】

8. 以下各项活动中,不涉及价值转移的是(　　)。

A. 通过微信发红包给朋友

B. 在抖音上传并分享一段自己制作的视频

C. 在书店花钱购买了一本区块链相关的书籍

D. 从银行取出到期的 10 万元存款

分析: 价值转移需要信用支持才能产生价值。比如现在就必须通过银行这个有国家信用的第三方来实现价值的转移,而这些是信息互联网做不到的。这里的价值转移里的价值指的就是货币资产、实体资产、虚拟资产等。这样的操作必须获得所有参与方的认可,而且最终结果不能受到任何一方的操控。但我们发现互联网本身协议并不支持这样的价值转移。

【答案:B】

9. 区块链是一个分布式共享的账本系统，这个账本有三个特点，以下不属于区块链账本系统特点的一项是(　　)。

A. 可以无限增加　　B. 加密

C. 无顺序　　D. 去中心化

分析:基于区块链的账本有三个特点:(1)可以无限增加的巨型账本——就像是一本非常厚的笔记本，每一页都记录着一个包含许多信息的区块，增加区块的话这个笔记本就会增加一页;(2)加密且有顺序的账本——每一个区块都会被加密，且有时间标记，不可篡改，每个区块都是按照时间顺序链接形成的一个总账本，如果试图篡改一个，同时也要改变背后的庞大数据链，基本不可能完成;(3)去中心化的账本——每个区块都是由网内用户共同维护的，是去中心化的账本。

【答案:C】

10. 以下对区块链系统的理解不正确的是(　　)。

A. 区块链是一个分布式账本系统　　B. 存在中心化机构建立信任

C. 每个节点都有账本，不易篡改　　D. 能够实现价值转移

分析:区块链的核心技术包括:分布式账本、非对称加密、共识机制和智能合约。分布式账本指的是交易记账由分布在不同地方的多个节点共同完成，而且每一个节点记录的是完整的账目，因此它们都可以参与监督交易合法性，同时也可以共同为其作证。去中心化是区块链最突出、最本质的特征。区块链系统的重要意义包括实现价值的转移。

【答案:B】

二、简答和实践题

1. 简述物联网、云计算、大数据和人工智能之间的关系。

分析:物联网是互联网的应用拓展，与其说物联网是网络，不如说物联网是业务和应用。因此，应用创新是物联网发展的核心，以用户体验为核心的创新是物联网发展的灵魂。

云计算相当于人的大脑，是物联网的神经中枢。云计算是基于互联网的相关服务的增加、使用和交付模式，通常涉及通过互联网来提供动态易扩展且经常是虚拟化的资源。

大数据相当于人的大脑从小学到大学记忆和存储的海量知识，这些知识只有通过消化、吸收、再造才能创造出更大的价值。

人工智能就像一个人吸收了人类大量的知识(数据)，不断地深度学习，进而进化成为一方高人。人工智能离不开大数据，而且是基于云计算平台完成深度学习进化的。

简单总结:通过物联网产生、收集海量的数据存储于云平台，再通过大数据分析，甚至更高形式的人工智能为人类的生产活动、生活所需提供更好的服务。这必将是第四次工业革命进化的方向。

2. 简述未来物联网的发展趋势。

分析:首先，电子与建筑行业是切入点，产业链合力发展;其次，应用将由分散走向统一。物联网的终极目标是形成覆盖全球物物互联的理想状态，在这个目标实现的过程中，物联网的各个局部网应用可先各自发展，最后形成一个事实的标准，从小网联成中网，再由中网联成大网，在此过程中逐渐解决遇到的技术、标准等各种问题。届时，物联网的产

业链几乎可以包容现在信息技术和信息产业相关的各个领域。

3. 简述大数据技术的特点。

分析: 大数据从整体上看具有四个特点:

第一,大量。衡量单位是PB级别,存储内容多。

第二,高速。大数据在获取速度和分析速度上具有高速的特点,以保证在短时间内使更多的人接收到信息。

第三,多样。数据是从各种渠道获取的,有文本数据、图片数据、视频数据等。因此数据是多种多样的。

第四,价值。大数据不仅仅拥有本身的信息价值,还拥有商业价值。

4. 举例说明区块链技术的应用实践。

分析: 区块链(Blockchain)是一种将数据区块有序连接,并以密码学方式保证其不可篡改、不可伪造的分布式账本(数据库)技术。通俗地说,区块链技术可以在无须第三方背书情况下实现系统中所有数据信息的公开透明、不可篡改、不可伪造、可追溯。区块链作为一种底层协议或技术方案可以有效地解决信任问题,实现价值的自由传递,在数字货币、金融资产的交易结算、数字政务、存证防伪数据服务等领域具有广阔前景。

5. 通过智能手机的AI拍照功能体验人工智能在图像处理方面的应用。

分析: 人工智能在图像处理的过程总结如下:

信息的获取:是通过传感器,将光或声音等信息转化为电信息。信息可以是二维的图像,如文字、图片等;可以是一维的波形,如声波、心电图、脑电图;也可以是物理量与逻辑值。

预处理:包括A/D,二值化,图像的平滑、变换、增强、恢复、滤波等,主要指图像处理。

特征抽取和选择:在模式识别中,需要进行特征的抽取和选择,例如,一幅64×64像素的图像可以得到4 096个数据,这种在测量空间的原始数据时通过变换获得的特征空间最能反映分类本质的特征。这就是特征提取和选择的过程。

分类器设计:分类器设计的主要功能是通过训练确定判决规则,使按此类判决规则分类时,错误率最低。

分类决策:在特征空间中对被识别对象进行分类。

补充练习

一、单项选择题

(一)物联网技术

1. 利用RFID、传感器、二维码等随时随地获取物体的信息,指的是(　　)。

A. 可靠传递　　　　B. 全面感知

C. 智能处理　　　　D. 互联网

2. 物联网的核心和基础仍然是(　　)。

A. RFID　　B. 计算机技术

C. 人工智能　　D. 互联网

3. 要获取物体的实时状态信息,就需要(　　)。

A. 计算技术　　B. 通信技术

C. 识别技术　　D. 传感技术

4. 传感器作为信息获取的重要手段,与通信技术、计算机技术构成了(　　)的三大支柱。

A. 网络技术　　B. 信息技术

C. 感知识别　　D. 物联网技术

5. 物联网技术是基于射频识别技术发展起来的新兴产业,射频识别技术主要是基于(　　)进行信息传输。

A. 声波　　B. 电场和磁场

C. 双绞线　　D. 同轴电缆

6. (　　)是一种无线数据与语音通信的开放性全球规范,以低成本的短距离无线连接为基础,可为固定的或者移动的终端设备提供接入服务。

A. 蓝牙技术　　B. IrDA 技术

C. NFC 技术　　D. Zigbee 技术

7. 智能交通系统是一种(　　)、准确的、高效的交通运输综合管理和控制系统。

A. 实时的　　B. 灵活的

C. 昂贵的　　D. 宽松的

8. (　　)不是物理传感器。

A. 视觉传感器　　B. 嗅觉传感器

C. 听觉传感器　　D. 触觉传感器

9. 自动识别系统完成系统的(　　)。

A. 数据采集与存储　　B. 数据应用处理

C. 数据传输　　D. 数据识别

10. 根据信息生成、传输、处理和应用的原则,可以把物联网分为四层:感知识别层、网络构建层、(　　)和综合应用层。

A. 物理层　　B. 会话层

C. 管理服务层　　D. 表示层

11. 物联网体系架构中,应用层相当于人的(　　)。

A. 大脑　　B. 皮肤

C. 社会分工　　D. 神经中枢

12. 物联网在国际电信联盟中写成(　　)。

A. Network Everything　　B. Internet of Things

C. Internet of Everything D. Network of Things

13. 以下( )是物联网在个人用户的智能控制类应用。

A. 精细农业 B. 智能交通

C. 医疗保险 D. 智能家居

14. 以下不属于物联网关键技术的是( )。

A. 全球定位系统 B. 视频车辆监测

C. 移动电话技术 D. 有线网络

(二)云计算技术

15. 不属于云计算三大服务模式的是( )。

A. IaaS B. DaaS

C. PaaS D. SaaS

16. PaaS 是云计算服务中( )的简称。

A. 软件即服务 B. 平台即服务

C. 基础设施即服务 D. 硬件即服务

17. 软件即服务,简称( )。

A. IaaS B. PaaS

C. SaaS D. DaaS

18. 基础设施即服务,简称( )。

A. DaaS B. PaaS

C. SaaS D. IaaS

19. 云架构共分为( )两大部分。

A. 服务部分和管理部分 B. 服务部分和应用部分

C. 管理部分和维护部分 D. 维护部分和应用部分

20. 将云计算服务销售给一般大众或广大的中小企业群体使用,具有规模大、价格低廉、灵活和功能全面的特点,像阿里云、华为云和亚马逊云等,这是属于( )。

A. 混合云 B. 私有云

C. 行业云 D. 公有云

21. 为企业内部提供云服务,不对公众开放,大多在企业或组织单位的防火墙内工作,并且企业或单位 IT 人员能对其数据、安全性和服务质量进行有效的控制,这是属于( )。

A. 公有云 B. 行业云

C. 私有云 D. 混合云

22. 从研究现状上看,下面不属于云计算特点的是( )。

A. 超大规模 B. 虚拟化

C. 私有化 D. 高可靠性

23. 我们常提到的“在 Windows 系统中装一个 Linux 虚拟机”属于(　　)。

A. 存储虚拟化　　B. 内存虚拟化

C. 系统虚拟化化　　D. 网络虚拟化

24. 云计算中,提供资源的网络被称为(　　)。

A. 母体　　B. 导线

C. 数据池　　D. 云

25. 云计算就是把计算资源都放到(　　)。

A. 对等网　　B. 因特网

C. 广域网　　D. 无线网

26. 云计算的云是指(　　)。

A. 虚拟环境　　B. 局域网

C. 广域网　　D. 因特网

27. 效用计算的概念是由(　　)提出的。

A. 约翰·麦卡锡　　B. 马克·贝尼奥夫

C. 埃里克·施密特　　D. 温顿·瑟夫

28. ABC 时代中的“ABC”分别是指(　　)。

A. 人工智能、大数据和云计算　　B. 人工智能、移动互联网和 Web 2.0

C. 大数据、匿名网络和物联网　　D. 云计算、云存储和云应用

29. 下列关于 AWS 说法错误的是(　　)。

A. AWS 是亚马逊公司的公有云平台

B. AWS 仅提供 IaaS 云服务

C. AWS 是全球公有云市场的领导者

D. AWS 针对云服务安全采用了责任共担模式

(三)大数据技术

30. 当前大数据技术的基础是由(　　)首先提出的。

A. 百度　　B. 微软

C. 阿里巴巴　　D. 谷歌

31. (　　)反映数据的精细化程度,越细化的数据,价值越高。

A. 规模　　B. 活性

C. 关联度　　D. 颗粒度

32. 智能健康手环的应用开发,体现了(　　)的数据采集技术的应用。

A. 统计报表　　B. 网络爬虫

C. 传感器　　D. API 接口

33. 智慧城市的构建不包含(　　)。

A. 数字城市　　B. 物联网

C. 联网监控　　D. 云计算

34. 关于数据容量单位说法错误的是(　　)。

A. 1 MB<1 GB<1 TB　　B. 基本单位是字节

C. 一个汉字需要一个字节的存储空间　　D. 一个字节能够容纳一个英文字母

35. 下列不是脏数据的是(　　)。

A. 数据不完整　　B. 标准数据

C. 意义不明确　　D. 空值

36. 大数据的特征不包括(　　)。

A. 大量化　　B. 多样化

C. 快速化　　D. 结构化

37. 大数据的起源是(　　)。

A. 金融　　B. 电信

C. 互联网　　D. 公共管理

38. 大数据最显著的特征是(　　)。

A. 数据规模大　　B. 数据类型多样

C. 数据处理速度快　　D. 数据价值密度高

39. 当前社会中,最为突出的大数据环境是(　　)。

A. 互联网　　B. 物联网

C. 综合国力　　D. 自然资源

40. 大数据时代,数据使用的关键是(　　)。

A. 数据收集　　B. 数据存储

C. 数据分析　　D. 数据再利用

41. 下列论据中,能够支撑“大数据无所不能”的观点的是(　　)。

A. 互联网金融打破了传统的观念和行为　　B. 大数据存在泡沫

C. 大数据具有非常高的成本　　D. 个人隐私泄露与信息安全担忧

42. 关于大数据在社会综合治理中的作用,以下理解不正确的是(　　)。

A. 大数据的运用有利于走群众路线　　B. 大数据的运用能够维护社会治安

C. 大数据的运用能够杜绝抗生素的滥用　　D. 大数据的运用能够加强交通管理

43. 分布式存储系统的特征不包括(　　)。

A. 自治性　　B. 低容错性

C. 高性能　　D. 高扩展性

(四)人工智能技术

44. AI的英文全称是(　　)。

A. Automatic　　B. Artifical Intelligence

C. Automatic Information　　D. Artifical Information

45. 人工智能的本质是(　　)。

A. 取代人类智能　　B. 计算机万能

C. 人类智慧的倒退　　D. 对人类智能的模拟

46. 关于人工智能的定义，正确的是(　　)。

A. 人工智能就是机器人

B. 人工智能就是跟人长得一样的机器人

C. 人工智能是一种软件

D. 人工智能是研究人的智能的一门新的技术科学

47. 盲人看不到一切物体，他们可以通过辨别人的声音识别人，这是智能的哪一方面？(　　)

A. 行为能力　　B. 感知能力

C. 思维能力　　D. 学习能力

48. 以下哪个工作你觉得容易被人工智能取代？(　　)

A. 科学家　　B. 心理医生

C. 售货员　　D. 程序员

49. 首次提出“人工智能”是在(　　)年。

A. 1946　　B. 1960

C. 1916　　D. 1956

50. 下列应用中，没有体现人工智能技术的是(　　)。

A. 门禁系统通过指纹识别确认身份

B. 某软件将输入的语音自动转换为文字

C. 机器人导游回答游客的问题，并提供帮助

D. 通过键盘输入商品编码，屏幕上显示出相应价格

51. 关于人工智能的说法，错误的是(　　)。

A. 人工智能是信息技术发展的热点之一

B. 人工智能可以应用于人脸识别和语音识别等领域

C. 应用了人工智能技术的机器具有和人类一样的直觉

D. 人工智能可以模拟人的思维，其某些应用具备学习能力

52. 关于人工智能、机器学习和深度学习，以下说法正确的是(　　)。

A. 机器学习的范围最大

B. 深度学习就是很深入的机器学习

C. 语音识别不属于人工智能

D. 人工智能包括机器学习，机器学习包括深度学习

53. 深度学习的兴起主要得益于以下哪方面的原因？(　　)

A. 计算力的增长　　B. 海量数据的积累

C. 算法的进步和优化　　D. 以上都是

54. 人工智能的目的是让机器能够(　　)，以实现某些脑力劳动的机械化。

A. 具有高智商　　B. 和人一样工作

C. 完全代替人的大脑　　　　D. 模拟、延伸和扩展人的智能

55. 人工智能研究的一项基本内容是机器感知，以下(　　)不属于机器感知的领域。

A. 使机器具有视觉、听觉、触觉、味觉、嗅觉等感知能力

B. 让机器具有理解文字的能力

C. 使机器具有能够获取新知识、学习新技巧的能力

D. 使机器具有听懂人类语言的能力

56. 被誉为国际"人工智能之父"的是(　　)。

A. 图灵(Turing)　　　　B. 费根鲍姆(Feigenbaum)

C. 傅京孙(K. S. Fu)　　　　D. 尼尔逊(Nilsson)

57. 下列哪个不是人工智能的研究领域?(　　)

A. 机器证明　　　　B. 模式识别

C. 人工生命　　　　D. 编译原理

58. 在图灵测试中，如果有超过(　　)的测试者不能分清屏幕后的对话者是人还是机器，就可以说这台计算机通过了测试并具备人工智能。

A. 30%　　　　B. 40%

C. 50%　　　　D. 60%

(五)区块链技术

59. 下面对区块链的描述错误的是(　　)。

A. 任何人都可以参与到区块链网络中

B. 区块链中每个节点都能获得一个完整的数据库

C. 区块链中节点之间没有竞争

D. 区块链中任一节点失效，其余节点仍能正常工作

60. 下面对区块链共识机制描述正确的是(　　)。

A. 可有可无

B. 是区块链系统中实现不同节点之间建立信任、获取权益的数学算法

C. 不同区块链使用同一种共识机制

D. 比特币区块链中没有采用共识机制

61. 以下哪位最先提出区块链的概念?(　　)

A. 中本聪　　　　B. 埃隆·马斯克

C. 泰德·尼尔森　　　　D. laszlo hanyecz

62. 可以理解为对等网络或对等计算的是(　　)。

A. C2C　　　　B. B2B

C. P2P　　　　D. C2B

63. 区块链是(　　)、点对点传输、共识机制、加密算法等计算机技术的新型应用模式。

A. 数据仓库　　　　B. 中心化数据库

C. 非链式数据结构　　D. 分布式数据存储

64. 区块链在(　　)网络环境下，通过透明和可信规则，构建可追溯的块链式数据结构，实现和管理事务处理。

A. 分布式　　B. 集中式

C. 关系式　　D. 共享式

65. 区块链的特征不包括(　　)。

A. 中心化　　B. 开放性

C. 信息不可篡改　　D. 匿名性

66. 区块链是一种按照时间顺序将数据区块以顺序相连的方式组合成的一种链式数据结构，并以密码学方式保证的不可篡改和不可伪造的分布式账本。主要解决交易的信任和安全问题，最初是作为(　　)的底层技术出现的。

A. 电子商务　　B. 证券交易

C. 比特币　　D. 物联网

67. 以下(　　)不是区块链种类。

A. 公有链　　B. 私有链

C. 联盟链　　D. 非对称链

68. 以下(　　)不是区块链特性。

A. 不可篡改　　B. 去中心化

C. 升值快　　D. 可追溯

69. 比特币使用的区块链属于(　　)。

A. 公有链　　B. 联盟链

C. 私有链　　D. 公有链和私有链

(六)5G 通信技术

70. 5G 的网络速度是 4G 的(　　)倍。

A. 5　　B. 10

C. 15　　D. 20

71. 5G 单用户体验速率是(　　)。

A. 440 kbit/s　　B. 100 Mbit/s

C. 10 Mbit/s　　D. 50 Mbit/s

72. 5G 网络连接容量更大，每平方千米最大连接数将是 4G 的(　　)倍。

A. 5　　B. 10

C. 15　　D. 20

73. 每平方千米 5G 可支持(　　)万个连接同时在线。

A. 1　　B. 10

C. 100　　D. 1 000

74. 5G 理论下载速率(峰值)是(　　)。

A. 21 Mbit/s　　B. 1 Gbit/s

C. 10 Gbit/s　　D. 5 Gbit/s

75. 5G 无线网络往返时延是(　　)。

A. 600 ms　　B. <1 ms

C. 200 ms　　D. 10 ms

(七)计算机网络的基本概念、发展和分类

76. 下列关于计算机网络的描述错误的是(　　)。

A. 网速的快慢取决于所选带宽　　B. 网速的快慢取决于传输距离

C. 网速的快慢与用户访问量多少有关　　D. 网速的快慢与计算机性能有关

77. 一般来说,计算机网络可以提供的功能有(　　)。

A. 资源共享与综合信息服务　　B. 信息传输与集中处理

C. 均衡负荷与分布处理　　D. 以上都是

78. 网络模型中开放系统互连参考模型的英文缩写是(　　)。

A. OSI　　B. ISO

C. HTTP　　D. TCP/IP

79. 关于计算机网络以下叙述错误的是(　　)。

A. 计算机网络中的计算机离开网络将不能独立工作

B. 计算机网络需要配置相关的协议

C. 计算机网络需要通信介质

D. 计算机网络中计算机的数量可以很多

80. 一个学校内部网络一般属于(　　)。

A. 城域网　　B. 局域网

C. 广域网　　D. 互联网

81. 计算机网络的基本分类主要有两种:一种是根据网络所使用的传输技术,另一种是根据(　　)。

A. 网络协议　　B. 网络操作系统类型

C. 覆盖范围与规模　　D. 网络服务器类型

82. Internet 属于一种(　　)。

A. 校园网　　B. 局域网

C. 广域网　　D. Windows NT 网

83. (　　)不是计算机网络的系统结构。

A. 总线型结构　　B. 单线型结构

C. 星型结构　　D. 环型结构

84. 计算机网络有局域网和广域网之分,其划分的依据是(　　)。

A. 通信传输的介质　　B. 网络拓扑结构

C. 信号频带的占用方式　　D. 通信的距离

85. 网络按通信范围分为(　　)。

A. 局域网、以太网、广域网　　B. 局域网、城域网、广域网

C. 电缆网、城域网、广域网　　D. 中继网、局域网、广域网

(八)网络的拓扑结构和传输介质

86. 目前存在的广域网(例如因特网)主要采用(　　)拓扑结构。

A. 总线型　　B. 星型

C. 网状　　D. 环型

87. 网状拓扑结构的缺点是(　　)。

A. 对根节点的依赖性大

B. 中心节点的故障会导致整个网络的瘫痪

C. 任意节点的故障或一条传输介质的故障都能导致整个网络发生故障

D. 结构复杂

88. 星型拓扑结构的优点是(　　)。

A. 易实现、易维护、易扩充

B. 单个节点的故障不会影响到网络的其他部分

C. 易于扩充与故障隔离

D. 系统的可靠性高

89. 总线型网不具备的特点是(　　)。

A. 成本低,安装简单方便　　B. 易于监控,安全性高

C. 介质发生故障会导致网络瘫痪　　D. 增加新站点不如星型容易

90. 关于计算机网络资源共享的描述准确的是(　　)。

A. 共享线路　　B. 共享硬件

C. 共享数据和软件　　D. 共享硬件、数据、软件

91. 计算机网络系统中的资源可分成三类:数据资源、(　　)和硬件资源。

A. 设备资源　　B. 程序资源

C. 软件资源　　D. 文件资源

92. 计算机网络的特点(　　)。

A. 精度高　　B. 资源共享

C. 运算速度快　　D. 内存容量大

93. 电缆可以按其物理结构类型来分类,目前计算机网络普遍使用的电缆类型有(　　)、双绞线和光纤。

A. 电话线　　B. 同轴电缆

C. 网线　　D. 天线

94. 以下四种通信传输媒体中传输速度最快的是(　　)。

A. 微波　　B. 通信卫星

C. 光纤　　D. 同轴电缆

95. 以下四种通信传输介质传输距离最短的是(　　)。

A. 蓝牙　　B. 同轴电缆

C. 双绞线　　D. 光纤

96. (　　)是网络的心脏,它提供了网络最基本的核心功能,如网络文件系统、存储器的管理和调度等。

A. 服务器　　B. 工作站

C. 网络操作系统　　D. 通信协议

97. 选择网卡的主要依据是组网的拓扑结构、(　　)、网段的最大长度和节点之间的距离。

A. 接入网络的计算机种类　　B. 网络操作系统的类型

C. 互联网的规模　　D. 传输介质的类型

98. (　　)将工作站或服务器连到网络上,实现资源共享、相互通信、数据转换及电信号的匹配。

A. 网关　　B. 网卡

C. 转接设备　　D. 以上都不是

(九)局域网和广域网

99. 下列设备中属于局域网设备的是(　　)。

A. 调制解调器　　B. 网卡

C. 声卡　　D. 电话

100. 某台计算机需要通过局域网连接到 Internet,需要的硬件是(　　)。

A. Modem　　B. 网络适配器

C. 电话　　D. 驱动程序

101. 一个办公室中有多台计算机,每个计算机都配置了网卡,并购买了一台网络集线器和一台打印机,一般组成局域网的传输介质是(　　)。

A. 光纤　　B. 双绞线

C. 电话线　　D. 无线

102. 局域网的拓扑结构主要包括(　　)。

A. 环型结构、单环结构和双环结构　　B. 总线型结构、环型结构和星型结构

C. 网状结构、单总线型结构和环型结构　　D. 单环结构、双环结构和星型结构

103. 局域网的网络硬件主要包括服务器、工作站、网卡和(　　)。

A. 网络协议　　B. 计算机

C. 传输介质　　D. 网络拓扑结构

104. 局域网的网络软件主要包括(　　)、网络管理系统和网络应用软件。

A. 服务器操作系统　　B. 网络操作系统

C. 网络传输协议　　D. 服务器软件

105. 局域网中应用较广的网络拓扑结构是(　　)。

A. 总线型　　B. 环型

C. 星型　　D. 网状

106. 局域网的硬件组成有(　　)、个人计算机、工作站及其他智能设备、网卡和电缆等。

A. 网络服务器　　B. 网络操作系统

C. 网络协议　　D. 路由器

107. 计算机首次通过局域网接入互联网,除了要有相应的硬件和浏览器外,还需设置(　　)。

A. 本机 IP 地址　　B. 代理服务器地址

C. 网关　　D. 以上操作均要进行

108. 在局域网中,用户共享文件夹时,以下说法不正确的是(　　)。

A. 共享的用户能读取和复制文件夹中的文件

B. 共享的用户可以复制文件夹中的文件

C. 共享的用户可以更改文件夹中的文件

D. 共享的用户不能读取文件夹中的文件

109. 下列关于 Internet 的叙述中,错误的是(　　)。

A. Internet 是一种用于与他人有效交流的媒介

B. Internet 是一种用于研究和支持信息交流的机制

C. Internet 并不为任何政府、公司和大学所拥有

D. Internet 的功能和费用是不变的

110. 广域网可以提供的服务模式有(　　)。

A. 只提供面向连接的服务模式　　B. 只提供面向无连接的服务模式

C. 提供面向连接和无连接两种服务模式　　D. 以上都不是

111. 关于广域网,下列说法不正确的是(　　)。

A. 作用范围必须在几千公里以上

B. 广域网有时可称为“远程网”

C. 广域网一般采用存储-转发的方式进行数据转换

D. 广域网是基于报文交换或分组交换的技术(除了传统的公用电话交换网)

112. (　　)被认为是 Internet 的前身。

A. 万维网　　B. ARPANet

C. HTTP　　D. APPLE

113. 以下说法中,错误的是(　　)。

A. 域名不分大小　　B. 网络中文件传输可以用 FTP

C. 服务器是网络的信息与管理中心　　D. Novell 只能是一种总线型拓扑结构

114. 因特网是(　　)。

A. 局域网的简称　　B. 广域网的简称

C. 城域网的简称　　D. 国际互联网的简称

115. Internet 主要由四部分组成,其中包括路由器、主机、信息资源与(　　)。

A. 数据库　　B. 管理员

C. 销售商　　D. 通信线路

116. 宽带网传输时,“百兆”网宽的含义是(　　)。

A. 网络传输速度为 100 Mbit/s　　B. 网络传输速度为 100 MB/s

C. 网络传输速度为 1 024 Mbit/s　　D. 网络传输速度为 1 024 MB/s

117. 以下列举的关于 Internet 的各功能中,错误的是(　　)。

A. 程序编译　　B. 信息查询

C. 数据库检索　　D. 电子邮件传送

118. 在 Internet 上传送的是(　　)。

A. 多媒体信息　　B. 应用软件

C. 系统软件　　D. 二进制数据

119. WWW 是(　　)的缩写。

A. World Wide Wait　　B. Website of World Wide

C. World Wide Web　　D. World Wide Wait

120. 以下名称中,(　　)不是中国已建成的重要互联网。

A. 中国教育科研网　　B. 中国科技网

C. 中国金桥信息网　　D. 中国长途电话网点

121. 中国公用信息网的简称为(　　)。

A. NCF　　B. CERNET

C. ISDN　　D. ChinaNET

122. 目前我国主要的网络运营商有(　　)。

A. 中国电信　　B. 中国联通

C. 中国网通　　D. 以上都是

123. 以下可以不通过互联网传递信息的是(　　)。

A. 电子邮件　　B. IP 电话

C. 传真　　D. FTP 服务

124. 在下列国内较有名的网站中,(　　)属于专业的搜索引擎网站。

A. 搜狐网　　B. 新浪网

C. 百度网　　D. 银联网

125. 下列有关计算机网络叙述错误的是(　　)。

A. 利用 Internet 可以使用远程超级计算中心的计算机资源

B. 计算机网络是在通信协议控制下实现的计算机互联

C. 建立计算机网络最主要的目的是实现资源共享

D. 根据接入的计算机多少可以将网络划分为广域网、城域网和局域网

126. 关于 Internet，下列说法不正确的是（　　）。

A. Internet 是全球性的国际网络　　B. Internet 起源于美国

C. 通过 Internet 可以实现资源共享　　D. Internet 不存在网络安全问题

127. 目前世界上规模最大、用户最多的计算机网络是 Internet，下面关于 Internet 的叙述，错误的是（　　）。

A. Internet 网由主干网、地区网和校园网（企业或部门网）等多级网络组成

B. WWW（World Wide Web）是 Internet 上最广泛的应用之一

C. Internet 使用 TCP/IP 协议把异构的计算机网络进行互联

D. Internet 的数据传输速率最高达 10 Mbit/s

128. Internet 是全球最具影响力的计算机互联网，也是世界范围内重要的（　　）。

A. 信息资源网　　B. 多媒体网络

C. 办公网络　　D. 销售网络

129. 中国教育科研网的缩写为（　　）。

A. China NET　　B. CERNET

C. CNNI　　D. ChinaEDU

130. 有关 Internet 的概念错误的是（　　）。

A. Internet 是国际互联网络

B. Internet 具有相互通信和共享资源的特点

C. 在中国称为因特网

D. Internet 是局域网的一种

（十）网络协议、IP 地址、域名系统和 Internet 应用

131. 当前普遍使用的 Internet IP 版本是（　　）。

A. IPv6　　B. IPv3

C. IPv4　　D. IPv5

132. 网络协议是（　　）。

A. PX

B. 为网络数据交换而制定的规则、约定与标准的集合

C. TCP/IP

D. NETBEUI

133. Internet 上的网络协议统称为 Internet 协议簇，其中传输控制协议是（　　）。

A. IP　　B. TCP

C. ICMP　　D. UDP

134. 网络协议是计算机网络中传递、管理信息的一组规范。下列哪种网络协议是互联网（Internet）所必须使用的？（　　）

A. IPX/SPX　　B. NetBIOS
C. TCP/IP　　D. HTTP

135. 计算机之间相互通信需要遵守共同的规则(或约定),这些规则叫作(　　)。
A. 准则　　B. 协议
C. 规范　　D. 以上都不是

136. 支持 Internet 扩充服务的协议是(　　)。
A. OSI　　B. IPX/SPX
C. TCP/IP　　D. FTP/USENET

137. 下面关于 TCP/IP 说法,(　　)是不正确的。
A. TCP/IP 协议定义了如何对传输的信息进行分组
B. IP 协议专门负责按地址在计算机之间传递信息
C. TCP/IP 协议包括传输控制协议和网际协议
D. TCP/IP 协议是一种计算机语言

138. 以下关于 TCP/IP 的说法,不正确的是(　　)。
A. 网络之间进行数据通信时共同遵守的各种规则的集合
B. 把大量网络和计算机有机地联系在一起的一条纽带
C. Internet 是实现计算机用户之间数据通信的技术保证
D. 一种用于上网的硬件设备

139. 属于 Internet 核心协议的是(　　)。
A. IEEE 802 协议　　B. TCP/IP 协议
C. ISO/OSI 七层协议　　D. 以上都不是

140. 从应用的角度来看,HTTP 协议是(　　)。
A. 邮件传输协议　　B. 传输控制协议
C. 统一资源定位符　　D. 超文本传输协议

141. TCP/IP 协议是 Internet 中计算机之间通信所必须共同遵循的一种(　　)。
A. 信息资源　　B. 通信协议
C. 软件　　D. 硬件

142. OSI 的中文含义是(　　)。
A. 网络通信协议　　B. 国家信息基础设施
C. 开放系统互连参考模型　　D. 公共数据通信网

143. BBS 是根据(　　)来区分用户的。
A. 昵称(nickname)　　B. 用户代号(userid)
C. 用户姓名(username)　　D. 用户电子邮件地址(user E-mail)

144. 域名“http://www.sohu.com”中,http 表示的是(　　)。
A. 协议名　　B. 服务器域名
C. 端口　　D. 文件名

145. 能唯一标识 Internet 网络中每一台主机的是(　　)。

A. 用户名　　B. IP 地址

C. 用户密码　　D. 使用权限

146. 一个 IP 地址包含网络地址与(　　)。

A. 广播地址　　B. 网关地址

C. 主机地址　　D. 子网掩码

147. 中国的顶级域名是(　　)。

A. cn　　B. ch

C. chn　　D. china

148. 域名"www. hainu. gov. cn"中的 gov. cn 分别表示(　　)。

A. 商业,中国　　B. 商业,美国

C. 政府,中国　　D. 科研,中国

149. 下列说法正确的是(　　)。

A. 一个 IP 地址可以对应多个域名地址

B. 一个 IP 地址只能对应一个域名地址

C. 一个域名地址可以对应多个 IP 地址

D. IP 地址和域名地址是完全独立的,没有关系

模块 7
信息素养与社会责任

实验 1　使用 360 安全卫士防护计算机

实验目的

掌握使用 360 安全卫士清理和保护计算机的方法。

实验内容

1. 使用 360 安全卫士进行电脑体检。
2. 使用 360 安全卫士进行木马查杀。

实验步骤

1. 电脑体检

电脑体检是指对计算机进行木马查杀、电脑清理、系统修复及优化加速等综合性的快速扫描处理，从而实现一键对计算机进行检查和保护的目的。默认情况下，启动 360 安全卫士后，显示的就是“电脑体检”，如图 7-1 所示。

（1）单击“立即体检”按钮，即可按照默认的参数对电脑进行扫描。

（2）体检结束后，会显示当前存在问题项目的列表，如图 7-2 所示。

（3）单击“一键修复”按钮，可自动处理所有发现的问题。

（4）若要单独处理某个问题，可单击每个问题项下面的相应的处理按钮。例如，对高危漏洞，可以单击“修复”按钮进行处理；对于注册表，主要是检测是否有无效的注册表项目，单击“清理”按钮，可清除多余的无效注册表信息。

2. 木马查杀

定期进行木马查杀可以有效保护各种系统账户安全。在这里可以进行系统区域位置快速查杀、全盘查杀、按位置查杀，如图 7-3 所示。

图 7-1　电脑体检

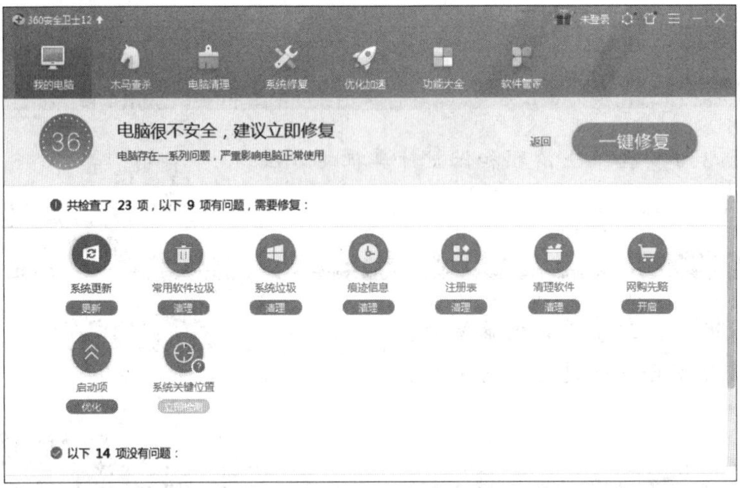

图 7-2　体检过程

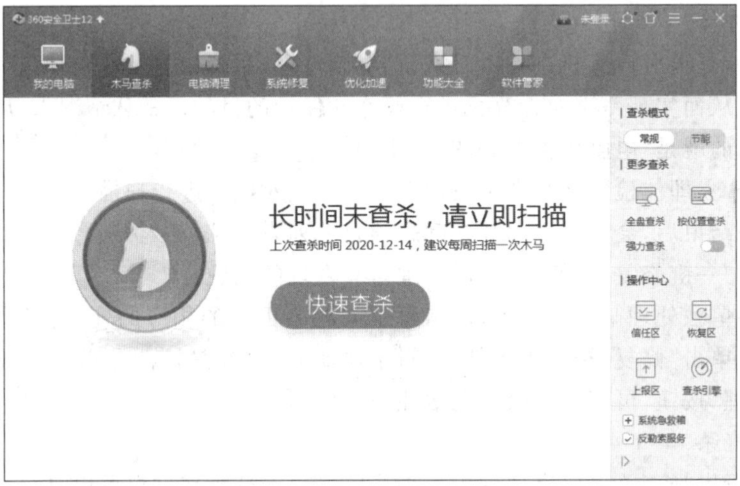

图 7-3　木马查杀

3. 电脑清理

使用360安全卫士可以对计算机中的垃圾文件、使用痕迹、恶意软件及插件等进行清理。从计算机安全角度来说，主要是清理恶意软件和插件。

(1)恶意软件

恶意软件是对破坏系统正常运行的软件的统称，一般来说有如下表现形式：强行安装，无法卸载；安装以后修改主页且锁定；安装以后随时自动弹出恶意广告；自我复制代码，类似病毒一样，拖慢系统速度；等等。

(2)插件

插件是指会随着浏览器的启动而自动执行的程序。根据插件在浏览器中的加载位置，可以分为工具条(Toolbar)、浏览器辅助(BHO)、搜索挂接(URL Search Hook)、下载ActiveX(ACTIVEX)。

有些插件程序能够帮助用户更方便浏览互联网或调用上网辅助功能，也有部分程序被人称为广告软件(Adware)或间谍软件(Spyware)。此类恶意插件程序监视用户的上网行为，并把所记录的数据报告给插件程序的创建者，以达到投放广告、盗取游戏或银行账号密码等非法目的。

因为插件程序由不同的发行商发行，其技术水平也良莠不齐，插件程序很可能与其他运行中的程序发生冲突，从而导致页面错误、运行时间错误等现象，阻塞了正常浏览。如图7-4所示为清理恶评及系统插件的界面。部分功能介绍如下：

图7-4　电脑清理

①全面清理。单击“全面清理”按钮，将对计算机垃圾文件、使用痕迹、恶意软件、插件及注册表等进行全面的清理处理。

②单项清理。将光标移至此按钮上，将显示可清理的项目列表.选择其中一项，即可实现相应的清理，如图7-5所示。

4. 管理应用软件

单击360安全卫士主界面中的“软件管家”，可以启动360软件管家，在其中可以安装、升级和卸载计算机软件。尤其是卸载功能，还可以检测到卸载后的残留文件，从而做进一步清理，如图 7-6 所示。

图 7-5　单项清理

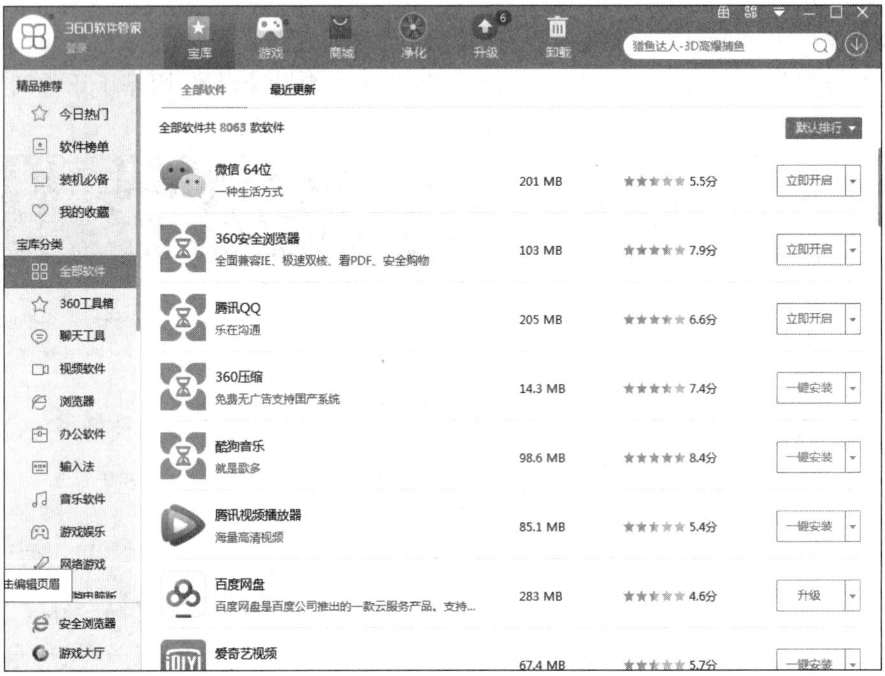

图 7-6　管理应用软件

(1)卸载。单击“卸载”按钮，即可对软件进行卸载。

(2)一键卸载。360 软件管家对部分软件支持一键卸载，即卸载的同时，自动对其残留文件进行清理。

(3)批量卸载。在软件列表中勾选要卸载的软件，然后单击右下角的“一键卸载”按钮，可以对多个软件进行批量卸载。

(4)刷新。单击此按钮，可重新扫描计算机，检查软件情况。

5. 系统修复

系统修复主要包括修补系统漏洞、安装和更新系统驱动、系统异常及部分软件的问题修复等，其中，系统漏洞是最重要的修复项目之一。360 安全卫士为用户提供的漏洞补丁均由微软官方获取。如果系统漏洞较多则容易招致病毒，所以应及时修补漏洞，保证系统安全，如图 7-7 所示。

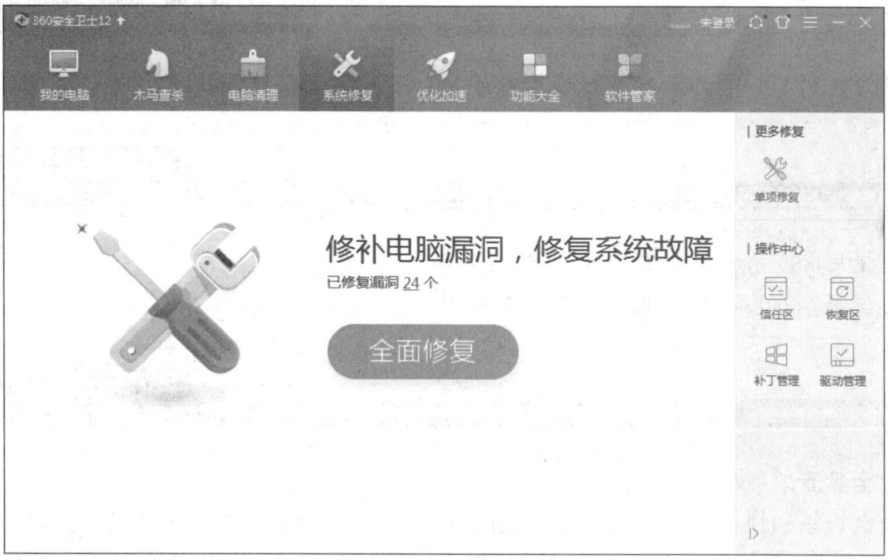

图 7-7　系统修复

6. 优化加速

单击“优化加速”按钮，可以选择对开机启动项、开机时间等进行优化，如图 7-8 所示。其中，开机启动项可以设置哪些程序开机启动，哪些程序不启动(若计算机配置低，则设置为全部不启动)。

图 7-8　优化加速

实验 2　使用 360 杀毒软件查杀病毒

实验目的

掌握使用 360 杀毒软件查杀病毒的方法。

实验内容

1. 使用 360 杀毒软件进行全盘/快速查杀。
2. 使用 360 杀毒软件进行自定义查杀。

实验步骤

1. 全盘查杀/快速查杀

全盘查杀和快速查杀的功能基本相同，前者是针对计算机进行全面的查杀，因此速度较慢；后者则只针对关键位置进行查杀，因此速度较快。下面以快速查杀为例，讲解其操作方法。

(1)启动 360 杀毒软件，单击主界面中的“快速查杀”按钮，即可开始查杀病毒，其中有系统设置、常用软件、内存活跃程序、开机启动项和系统关键位置 5 项，如图 7-9 所示。

图 7-9　快速查杀

(2)在查杀过程中,若发现系统异常项或病毒,会在界面下方列出,如图 7-10 所示。

图 7-10　扫描到异常项

(3)查杀完毕后,会显示所有待处理的问题,如图 7-11 所示。单击“立即处理”,将对列表中选中的问题进行文件隔离或删除处理;单击问题项目后面的“信任”按钮,将不处理该问题;单击“暂不处理”按钮,则返回主界面。

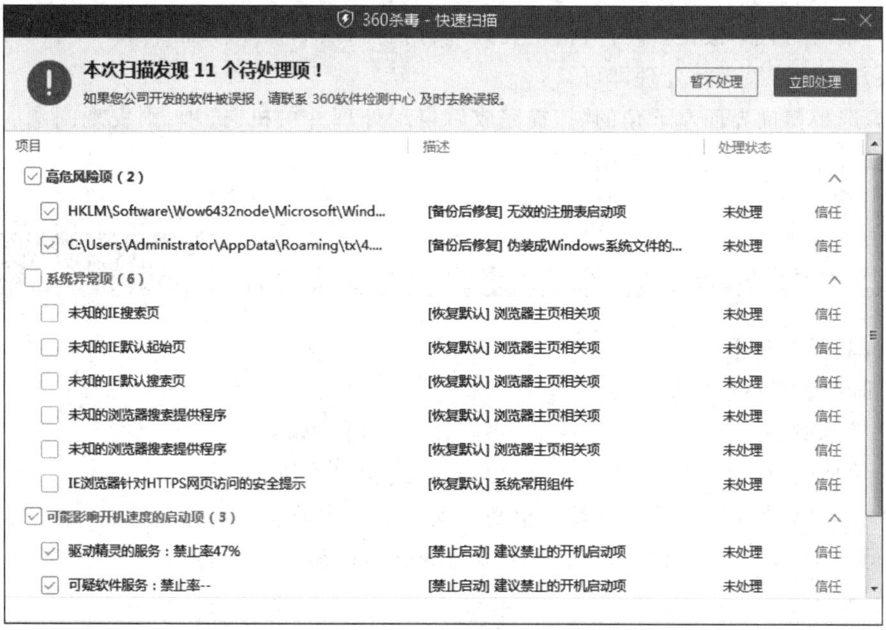

图 7-11　扫描结果

2. 自定义查杀

使用 360 杀毒软件可以对特定的位置进行查杀,其方法如下:

(1)单击 360 杀毒软件主界面下方的“自定义扫描”按钮，在弹出的对话框中可设置要扫描的位置，本例以 D 盘位置为例，如图 7-12 所示。

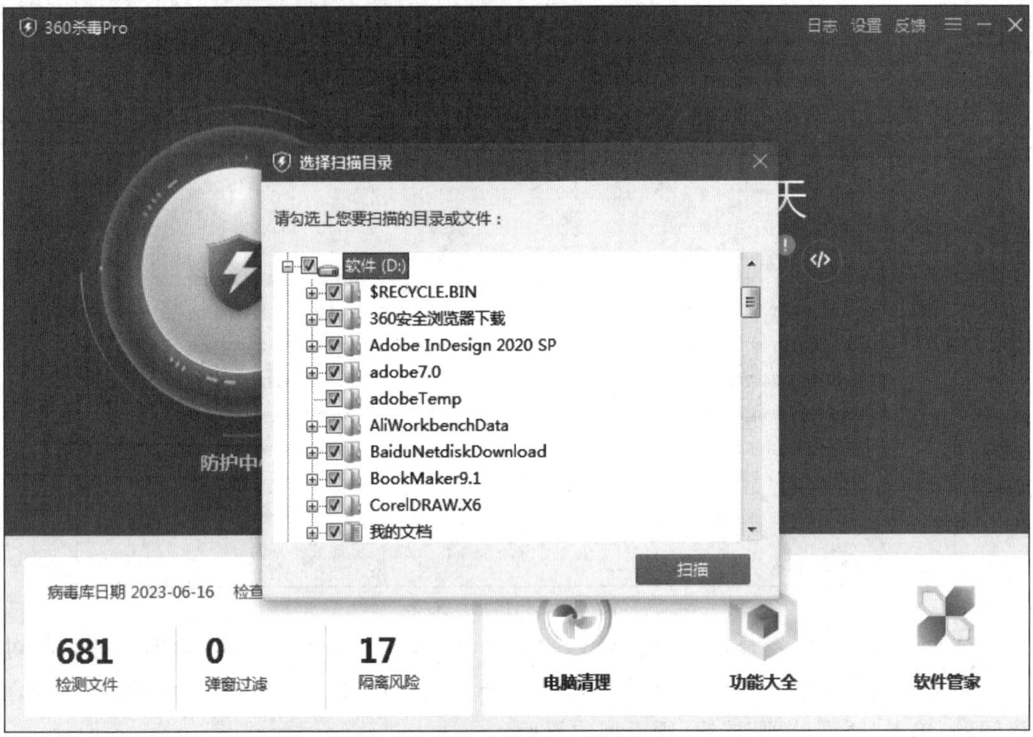

图 7-12　设置要扫描的位置

(2)单击“扫描”按钮，即可对指定位置进行扫描，然后按照前面讲解的全盘查杀和快速查杀方法对结果进行处理即可。

(3)选中扫描界面左下角的“扫描完成后自动处理并关机”选项，则发现问题时，自动进行处理，并在扫描完成后关闭计算机。

习题及分析

一、单项选择题

1. 信息素养不包括(　　)。

A. 信息意识　　　　B. 信息知识

C. 信息能力　　　　D. 信息手段

分析：信息素养是在信息化社会中个体成员所具有的各种信息品质，一般而言，信息素养主要包括信息意识、信息知识、信息能力和信息道德四个要素。

【答案：D】

2. 确保信息不暴露给未经授权的实体的属性指的是(　　)。

A. 保密性　　　　B. 完整性

C. 可用性　　　　D. 可靠性

分析：保密性(Secrecy)，又称机密性，是指个人或团体的信息不为其他不应获得者获得。

【答案：A】

3. 通信双方对其收、发过的信息均不可抵赖的特性指的是(　　)。

A. 保密性　　B. 不可抵赖性

C. 可用性　　D. 可靠性

分析：不可抵赖性是指电子商务中的参加者不能否定所发生的事件和行为。不可抵赖性有两个方面，一个方面是发送信息方的不可抵赖(身份认证)；另一个方面是信息的接收方的不可抵赖性。

【答案：B】

4. 下列情况中，破坏数据完整性的攻击是(　　)。

A. 假冒他人地址发送数据　　B. 不承认做过信息递交行为

C. 数据在传输中途被篡改　　D. 数据在传输中途被窃听

分析：数据完整性是信息安全的三个基本要点之一，指在传输、存储信息或数据的过程中，确保信息或数据不被未授权地篡改或在篡改后能够被迅速发现。

【答案：C】

5. 下列情况中，破坏数据保密性的攻击是(　　)。

A. 假冒他人地址接收数据　　B. 不承认做过信息接收行为

C. 数据在传输中途被篡改　　D. 数据在传输中途被窃听

分析：保密性是指个人或团体的信息不为其他不应获得者获得。在计算机中，许多软件包括邮件软件、网络浏览器等，都有保密性相关的设定，用以维护用户资讯的保密性，另外间谍档案或黑客有可能会造成保密性的问题。

【答案：D】

6. 计算机病毒是指能够入侵计算机系统并在计算机系统中潜伏、传播、破坏系统正常工作的一种具有繁殖能力的(　　)。

A. 指令　　B. 程序

C. 设备　　D. 文件

分析：计算机病毒是人为制造的，有破坏性，又有传染性和潜伏性的，对计算机信息或系统起破坏作用的程序。

【答案：B】

7. 下列不是计算机病毒特征的是(　　)。

A. 破坏性和潜伏性　　B. 传染性和隐蔽性

C. 寄生性　　D. 免疫性

分析：各种计算机病毒通常都具有传染性、破坏性、隐蔽性、潜伏性、触发性和寄生性等特征。

【答案：D】

8. 下面关于计算机病毒的描述错误的是(　　)。

A. 计算机病毒具有传染性

B. 通过网络传染计算机病毒,其破坏性大大高于单机系统

C. 如果染上计算机病毒,该病毒会马上破坏你的计算机系统

D. 计算机病毒主要破坏数据的完整性

分析:大部分病毒感染系统之后不会马上发作,而是悄悄地隐藏起来,然后在用户没有察觉的情况下进行传染。病毒的潜伏性越好,在系统中存在的时间也就越长,病毒传染的范围越广,其危害性也越大。

【答案:C】

9. 对已感染病毒的U盘应当采用的处理方法是(　　)。

A. 以防传染给其他设备,该U盘不能再使用

B. 用杀毒软件杀毒后继续使用

C. 用酒精消毒后继续使用

D. 直接使用,对系统无任何影响

分析:感染病毒的U盘要及时处理,否则U盘中的病毒会传染使用U盘的计算机。处理的主要途径包括:使用杀毒软件对该U盘进行杀毒处理或者对该U盘进行格式化。感染病毒的U盘本身没有损坏,处理后可以正常使用。计算机病毒不是生物病毒,无法使用酒精消毒。

【答案:B】

10. 用某种方法伪装消息以隐藏它的内容的过程称为(　　)。

A. 数据格式化　　　　B. 数据加工

C. 数据加密　　　　D. 数据解密

分析:数据加密是计算机系统对信息进行保护的一种最可靠的办法。它利用密码技术对信息进行加密,实现信息隐蔽,从而起到保护信息安全的作用。

【答案:C】

二、简答和实践题

1. 信息素养包含哪些方面,简述它们之间的关系。

参考答案:信息素养是在信息化社会中个体成员所具有的各种信息品质。一般而言,信息素养主要包括信息意识、信息知识、信息能力和信息道德四个要素。信息素养四个要素的相互关系共同构成一个不可分割的统一整体。可归纳为,信息意识是前提,决定一个人是否能够想到用信息和信息技术;信息知识是基础;信息能力是核心,决定能不能把想到的做到、做好;信息道德则是保证、是准则,决定在做的过程中能不能遵守信息道德规范、合乎信息伦理。

2. 结合自己的学习和未来的规划,谈谈如何提高自己的信息素养。

参考答案:

(1)掌握计算机的基本操作以及计算机互联网的基本使用。

(2)了解信息技术的基本理论、知识和方法,了解现代信息技术的发展与学科课程整合的基本知识;掌握计算机基础知识、Windows操作、Word文字处理、Excel电子表格、打印机及一些常用应用软件的安装和使用等。只有具备了基本能力,才能培养信息处理的能力。

(3)要学会使用计算机和其他信息技术来解决自己工作、学习及生活中的各类问题。

(4)学会利用网络搜索信息、传输文件,能利用电子邮件跟朋友、老师进行交流,利用电子公告牌或自己制作的网站(页)发布自己的认识和观点。

(5)为了推进教育现代化的发展,各校都已建成自己的校园网或者即将建成自己的校园网,但是,我们发现,很多校园网功能、校园网资源还没有得到充分利用,所以要培养自己能充分利用各种资源的能力。

(6)培养自己的信息生成能力,要善于挖掘有用信息和浓缩有效信息,能对信息内容进行深层加工,对信息进行科学分类、标引、排序、存储等;能够对信息去伪存真,去粗存精,正确评价、消化信息,同时通过调查分析,独立思考,最终创造出新的有效信息。

(7)必须具备尊重知识产权和遵守网络道德的素养,还必须具备网络安全的基本知识,学会防治病毒。

3.信息安全的主要防御措施有哪些?

参考答案:

(1)强化信息安全意识。随着计算机技术的发展,各种网络攻击技术也在不断更新,计算机使用者要增加安全防护意识,增加计算机信息安全保密知识,改善计算机信息安全保护环境。计算机使用者要掌握最新的病毒特征和防护技术,不要随意打开从网络上下载的各种来路不明的文件、图片和电子邮件,不随意单击不可靠的网站和链接。

(2)防火墙技术。防火墙是在计算机网络的内、外部建立的一个屏障,用来保障信息的安全性。防火墙已经成为最基本的网络设备之一。防火墙通过建立安全防护墙,来有效阻断来自计算机系统外部的不安全信息,减少黑客、病毒等对计算机系统的威胁,从而保护计算机系统的安全。从组成上来看,防火墙既包括一些特殊的网络访问控制设备,也包括一些网络监测软件。随着网络技术的发展,防火墙有很多种类型,实现的原理也各不相同。如果按照处理数据方式的不同,可将防火墙分为代理型和包过滤型两种。防火墙利用网络监测软件可以实时监测来自网络的各种数据和信息,通过设置路由规则来限制进出计算机网络系统的数据类型,只有通过认证的信息才能进入计算机内外部,将一些非法数据或可疑的信息挡在系统之外,从而减少信息的安全隐患。

(3)网络入侵检测。网络入侵是指攻击者利用各种手段来攻击网络,进入系统,对系统进行破坏的一种行为。网络入侵进入系统后,会对计算机系统进行恶意攻击和破坏,进行网络入侵检测可以及时发现这些攻击行为,从而保护计算机系统的信息安全。近年来,网络入侵检测技术发展迅速,入侵检测的原理和方法各不相同,入侵检测技术可以从多个角度进行分类。如果从检测手段上来分,基本上可以分为基于网络的入侵检测和基于主机的入侵检测。基于网络的入侵检测实现原理是通过检测网络上的信息流量来发现可疑数据,这种检测方法采用标准的网络协议,可以运行在不同的操作系统平台下,移植性好,检测速度快;基于主机的入侵检测是通过监测主机的入侵记录,根据预先设定的判定规则来发现可能对主机造成威胁的行为,从而识别出哪些是入侵事件。这种检测方式的缺陷是实时性差,不能及时发现入侵行为。

(4)病毒防护。病毒防护技术的主要手段是在计算机系统中安装病毒软件,对计算机进行检测,判断是否存在病毒,在发现病毒后,利用杀毒软件进行杀毒,消除计算机上的病毒隐患。随着网络技术的发展，病毒也在不断更新，杀毒软件也要更新相应的病毒库，以检测到最新的病毒。在网络环境下，系统管理员要定期运行安全扫描程序，检查病毒情况，如果发现系统中任意一台计算机感染了病毒，就要立即切断网络，防止病毒在网络内扩散。

(5)身份认证。保证计算机信息安全的关键是有效阻止非法用户的入侵，因此，必须对进入计算机系统的用户进行身份认证。数字化的身份认证与传统的用户名/口令认证技术不同，其安全性能更高。用户在登录系统或者申请访问计算机网络资源时，需要使用证书信息和会话机制，通过数字证书来检查用户的真实身份，这样可以有效地阻止假冒合法用户的行为。身份认证技术还可以应用在系统日志管理和审计、电子邮件、WWW 网站等方面的信息安全。

4. 计算机病毒有哪些基本特征，如何预防自己的计算机被病毒感染？

参考答案：

各种计算机病毒通常都具有以下特征：

(1)传染性。计算机病毒具有很强的再生机制，一旦计算机病毒感染了某个程序，当这个程序运行时，病毒就能传染到这个程序有权访问的所有其他程序和文件。

计算机病毒可以从一个程序传染到另一个程序，从一台计算机传染到另一台计算机，从一个计算机网络传染到另一个计算机网络，在各系统上传染、蔓延，同时使被传染的计算机程序、计算机、计算机网络成为计算机病毒的生存环境及新的传染源。

(2)破坏性。任何计算机病毒只要侵入系统，就会对系统及应用程序产生不同程度的影响，轻者会降低计算机工作效率，占用系统资源(如占用内存空间、占用磁盘存储空间以及系统运行时间等)，只显示一些画面或音乐、无聊的语句，或者根本没有任何破坏性动作，例如欢乐时光病毒的特征是超级解霸不断地运行系统，资源占用率非常高。有的计算机病毒可使系统不能正常使用，破坏数据，泄露个人信息，导致系统崩溃等；有的对数据造成不可挽回的破坏，比如米开朗基罗病毒，当米氏病毒发作时，硬盘的前 17 个扇区将被彻底破坏，使整个硬盘上的数据无法恢复，造成的损失是无法挽回的。

(3)隐蔽性。计算机病毒具有隐蔽性，以便不被用户发现及躲避反病毒软件的检测，因此系统感染病毒后，一般情况下用户感觉不到病毒的存在，只有在其发作，系统出现不正常反应时用户才知道。

为了更好地隐藏，病毒的代码设计得非常短小，一般只有几百字节或 1 KB，以现在计算机的运行速度，病毒转瞬之间便可将短短的几百字节附着到正常程序中，使人很难察觉。

(4)潜伏性和触发性。大部分病毒感染系统之后不会马上发作，而是悄悄地隐藏起来，然后在用户没有察觉的情况下进行传染。病毒的潜伏性越好，在系统中存在的时间也就越长，病毒传染的范围越广，其危害性也越大。

计算机病毒的可触发性是指满足其触发条件或者激活病毒的传染机制，使之进行传染或者激活病毒的表现部分或破坏部分。

计算机病毒的可触发性与潜伏性是联系在一起的，潜伏下来的病毒只有具有可触发性，其破坏性才成立，也才能真正成为“病毒”。如果一个病毒永远不会运行，就像死火山一样，对网络安全就构不成危险。触发的实质是一种条件的控制，病毒程序可以依据设计者的要求，在一定条件下实施攻击。

(5)寄生性。计算机病毒与其他合法程序一样，是一段可执行程序，但它一般不独立存在，而是寄生在其他可执行程序上，因此它享有一切程序所能得到的权力。也鉴于此，计算机病毒难以被发现和检测。

计算机病毒的防治包括计算机病毒的预防、检测和清除，要以预防为主。

(1)经常从软件供应商处下载、安装安全补丁程序和升级杀毒软件。

(2)新购置的计算机和新安装的系统，一定要进行系统升级，保证修补所有已知的安全漏洞。

(3)使用高强度的口令。

(4)经常备份重要数据。特别是要做到经常性地对不易复得数据(个人文档、程序源代码等)完全备份。

(5)选择并安装经过公安部认证的防病毒软件，定期对整个硬盘进行病毒检测、清除工作。

(6)安装防火墙(软件防火墙，如360安全卫士)，提高系统的安全性。

(7)不要打开陌生人发来的电子邮件，无论它们有多么诱人的标题或者附件。同时也要小心处理来自熟人的邮件附件。

(9)正确配置、使用病毒防治软件，并及时更新。

5.如何让自己很好地规避不良记录?

参考答案：

(1)认识信用体系。我们每个人在社会上活动，都会与人打交道，每个人对彼此都会有一个评价，信用记录就是金融机构对个人诚信的一种评价记录。它关系到你的房贷、车贷申请，甚至是求职升职等方方面面。

(2)加强个人道德修养。了解了信用体系后我们发现，信用与我们每个人的道德修养是有一定关系的。如果一个人养成了好的习惯，平时借别人东西、借钱都养成了按时归还的话，那么他信用违规的概率就低于那种品行不好、长期有借不还的老赖。

(3)规范自我行为。现在有很多信用陷阱，有些人就是抓住那些有征信问题而无法通过正常渠道成功申请的人群的需求。一旦你把你的个人相关信息提供给这些人，就很有可能收到的是已经严重透支的信用消息。结果，必然会造成你的信用记录严重不良。

(4)注意其他信用。现在有很多因素会影响我们的信用记录，因为目前很多的信用评价引入了大数据评估。那么这其中就很有可能包括手机信用、交通违规信用、考试信用。比如因饮酒醉驾被执行过拘留等不良的记录，也会成为个人信用记录的一个部分，也会影响个人的信用评价。

(5)警惕朋友。我们一定要规避一些因他人的违约而导致你的个人的信用记录受损。如：你给一位好朋友进行过贷款，结果你的朋友逾期没有按时偿还贷款，这时，就会对你产生不良的信用记录。

(6)合理消费。我们消费的时候一定更要防止超过自己的偿还能力的提前透支消费，否则，一旦无法及时还款，也会对自己的信用记录造成不良的影响。

补充练习

一、单项选择题

(一)计算机安全的定义和属性

1. 计算机系统安全通常指的是一种机制,即(　　)。

A. 只有被授权的人才能使用其相应的资源

B. 自己的计算机只能自己使用

C. 只是确保信息不暴露给未经授权的实体

D. 以上说法均正确

2. 计算机安全属性不包括(　　)。

A. 保密性　　B. 完整性

C. 可用性服务和可审性　　D. 语义正确性

3. 得到授权的实体需要时就能得到资源和获得相应的服务,这一属性指的是(　　)。

A. 保密性　　B. 完整性

C. 可用性　　D. 可靠性

4. 系统在规定条件下和规定时间内完成规定的功能,这一属性指的是(　　)。

A. 保密性　　B. 完整性

C. 可用性　　D. 可靠性

5. 信息不被偶然或蓄意地删除、修改、伪造、乱序、重放、插入等破坏的属性指的是(　　)。

A. 保密性　　B. 完整性

C. 可用性　　D. 可靠性

6. 确保信息不暴露给未经授权的实体的属性指的是(　　)。

A. 保密性　　B. 完整性

C. 可用性　　D. 可靠性

7. 通信双方对其收、发过的信息均不可抵赖的特性指的是(　　)。

A. 保密性　　B. 不可抵赖性

C. 可用性　　D. 可靠性

8. 计算机安全不包括(　　)。

A. 实体安全　　B. 操作安全

C. 系统安全　　D. 信息安全

9. 使用大量垃圾信息,占用带宽(拒绝服务)攻击破坏的是(　　)。

A. 保密性　　B. 完整性

C. 可用性　　D. 可靠性

(二)计算机病毒

10. 计算机病毒具有( )。

A. 传播性、破坏性、易读性
B. 传播性、潜伏性、破坏性
C. 潜伏性、破坏性、易读性
D. 传播性、潜伏性、安全性

11. 以下关于计算机病毒特征说法正确的是( )。

A. 计算机病毒只具有破坏性和传染性,没有其他特征
B. 计算机病毒具有隐蔽性和潜伏性
C. 计算机病毒具有传染性但不能衍变
D. 计算机病毒具有寄生性,都不是完整的程序

12. 计算机病毒是( )。

A. 通过计算机键盘传染的程序
B. 计算机对环境的污染
C. 非法占用计算机资源进行自身复制和干扰计算机正常运行的一种程序
D. 既能感染计算机也够感染生物体的病毒

13. 关于计算机病毒的叙述,错误的是( )。

A. 计算机病毒也是一种程序
B. 一台微机用反病毒软件清除过病毒后,就不会再被感染新的病毒
C. 病毒程序只有在计算机运行时才会复制并传染
D. 单机状态的微机,磁盘是传染病毒的主要媒介

14. 计算机病毒程序( )。

A. 通常很大,可能达到几兆字节
B. 通常不大,不会超过几十千字节
C. 一定很大,不会少于几十千字节
D. 有时会很大,有时会很小

15. 微软公司发布“安全补丁”防范“宏病毒”,该病毒主要攻击的对象是( )。

A. 操作系统
B. 媒体播放器
C. Word 文档等 Office 文档
D. 数据库管理系统

16. 计算机病毒传播途径不可能的是( )。

A. 计算机网络
B. 纸质文件
C. 磁盘
D. 感染病毒的计算机

17. 计算机可能感染病毒的途径( )。

A. 从键盘输入统计数据
B. 运行外来程序
C. U 盘表面不清洁
D. 机房电源不稳定

18. 通过网络进行病毒传播的方式不包括( )。

A. 文件传输
B. 电子邮件
C. 数据库文件
D. 网页

(三)防火墙、系统更新与系统还原

19. 可以划分网络结构,管理和控制内外部通信的网络安全产品是(　　)。

A. 网关　　B. 防火墙

C. 加密机　　D. 防病毒软件

20. 目前在企业内部网与外部网之间,检查网络传送数据是否会对网络安全构成威胁的主要设备是(　　)。

A. 路由器　　B. 防火墙

C. 交换机　　D. 网关

21. 为确保学校局域网的信息安全,防止来自 Internet 的黑客入侵,应采用的安全措施是设置(　　)。

A. 网管软件　　B. 邮件列表

C. 防火墙软件　　D. 杀毒软件

22. 以下关于防火墙的说法,正确的是(　　)。

A. 防火墙主要用于检查外部网络访问内网的合法性

B. 只要安装了防火墙,系统就不会受到黑客的攻击

C. 防火墙能够提高网络的安全性,保证网络的绝对安全

D. 防火墙的主要功能是查杀病毒

23. 下面关于系统更新说法正确的是(　　)。

A. 系统更新只能从微软网站下载补丁包

B. 系统更新后,可以不再受病毒的攻击

C. 系统之所以可以更新,是因为操作系统存在着漏洞

D. 所有的更新应及时下载安装,否则系统崩溃

24. 下面关于系统还原说法正确的是(　　)。

A. 系统还原等价于重新安装系统

B. 系统还原后可以清除计算机中的病毒

C. 系统还原后,硬盘上的信息会自动丢失

D. 还原点可以由系统自动生成也可以自行设置

(四)网络安全的概念、网络攻击和安全服务

25. 窃取信息是破坏信息的(　　)。

A. 可靠性　　B. 安全性

C. 保密性　　D. 完整性

26. 篡改信息是攻击破坏信息的(　　)。

A. 可靠性　　B. 可用性

C. 完整性　　D. 保密性

27. 以下网络安全技术中，不能用于防止发送或接收信息用户出现“抵赖”的是（　　）。

A. 数字签名　　B. 防火墙

C. 第三方确认　　D. 身份认证

28. 数据在存储或传输时不被修改、破坏，或数据包丢失、乱序等，指的是（　　）。

A. 数据一致性　　B. 数据完整性

C. 数据同步性　　D. 数据原发性

29. 下面不属于访问控制策略的是（　　）。

A. 加口令　　B. 设置访问权限

C. 加密　　D. 角色认证

30. 认证使用的技术不包括（　　）。

A. 消息认证　　B. 身份认证

C. 水印技术　　D. 数字签名

31. 影响网络安全的因素不包括（　　）。

A. 信息处理环节存在不安全因素　　B. 操作系统有漏洞

C. 计算机硬件有不安全因素　　D. 黑客攻击

32. 以下不属于网络行为规范的是（　　）。

A. 不应未经许可而使用别人计算机的资源

B. 不应用计算机进行偷窃

C. 不应干扰别人的计算机工作

D. 可以使用或拷贝没有授权的软件

33. 未经允许私自闯入他人计算机系统的人，被称为（　　）。

A. IT 精英　　B. 网络管理员

C. 黑客　　D. 编程工作人员

34. 以下人为的恶意攻击行为中，属于主动攻击的是（　　）。

A. 身份假冒　　B. 数据窃听

C. 数据流分析　　D. 非法访问

35. 下面不属于主动攻击的是（　　）。

A. 身份假冒　　B. 数据窃听

C. 重放　　D. 修改信息

36. 下面不属于被动攻击的是（　　）。

A. 流量分析　　B. 数据窃听

C. 重放　　D. 截取数据包

37. 下面关于网络信息安全的叙述中，不正确的是（　　）。

A. 网络环境下的信息系统比单机系统复杂，信息安全问题比单机更加难以得到保障

B. 网络安全的核心是操作系统的安全性，它涉及信息在存储和处理状态下的保护问题

C. 防火墙是保障单位内部网络不受外部攻击的有效措施之一

D. 电子邮件是个人之间的通信手段,不会传染计算机病毒

38. 网上“黑客”是指(　　)的人。

A. 匿名上网　　B. 在网上私闯他人计算机

C. 不花钱上网　　D. 总在夜晚上网

39. 允许用户在输入正确的保密信息(例如用户名和密码)时才能进入系统,采用的方法是(　　)。

A. 口令　　B. 命令

C. 序列号　　D. 公文

40. 网络安全不涉及的是(　　)。

A. 加密　　B. 防病毒

C. 防黑客　　D. 硬件技术升级

41. 用某种方法伪装消息以隐藏它的内容的过程称为(　　)。

A. 数据格式化　　B. 数据加工

C. 数据加密　　D. 数据解密

42. 下列哪个不属于常见的网络安全问题?(　　)

A. 网上的蓄意破坏,如在未经他人许可的情况下篡改他人网页

B. 侵犯隐私或机密资料

C. 拒绝服务,组织或机构因为有意或无意的外界因素或疏漏,导致无法完成应有的网络服务项目

D. 在共享打印机上打印文件

43. 保障信息安全最基本、最核心的技术措施是(　　)。

A. 信息加密技术　　B. 信息确认技术

C. 网络控制技术　　D. 反病毒技术

44. 下列选项中不属于网络安全的问题是(　　)。

A. 拒绝服务　　B. 黑客恶意访问

C. 散布谣言　　D. 计算机病毒

45. 为了防御网络监听,最常用的方法是(　　)。

A. 采用专人传送　　B. 信息加密

C. 无线网　　D. 使用专线传输

46. 根据实现的技术不同,访问控制可分为三种,它不包括(　　)。

A. 强制访问控制　　B. 自由访问控制

C. 基于角色的访问控制　　D. 自主访问控制

47. 根据应用的环境不同,访问控制可分为三种,它不包括(　　)。

A. 应用程序访问控制　　B. 主机、操作系统访问控制

C. 网络访问控制　　D. 数据库访问控制

48. 认证技术不包括(　　)。

A. 消息认证　　B. 身份认证

C. IP 认证　　D. 数字签名

49. 软件盗版是指未经授权对软件进行复制、仿制、使用或生产的行为。下面不属于软件盗版的形式是(　　)。

A. 使用的是计算机销售公司安装的非正版软件

B. 网上下载的非正版软件

C. 自己解密的非正版软件

D. 使用试用版的软件

50. 网络安全从本质上讲就是网络上的信息安全，下列不属于网络安全的技术是(　　)。

A. 防火墙　　B. 加密狗

C. 认证　　D. 防病毒